华章图书

一本打开的书，
一扇开启的门，
通向科学殿堂的阶梯，
托起一流人才的基石。

Hands-On Progressive Web Apps

PWA入门与实践

王乐平 编著

机械工业出版社
China Machine Press

图书在版编目（CIP）数据

PWA 入门与实践 / 王乐平编著 . —北京：机械工业出版社，2020.4
（实战）

ISBN 978-7-111-65258-8

I. P… II. 王… III. 网页制作工具 IV. TP393.092.2

中国版本图书馆 CIP 数据核字（2020）第 053221 号

PWA 入门与实践

出版发行：机械工业出版社（北京市西城区百万庄大街 22 号 邮政编码：100037）
责任编辑：赵亮宇 责任校对：李秋荣
印 刷：北京市荣盛彩色印刷有限公司 版 次：2020 年 4 月第 1 版第 1 次印刷
开 本：186mm×240mm 1/16 印 张：15.5
书 号：ISBN 978-7-111-65258-8 定 价：89.00 元

客服电话：（010）88361066 88379833 68326294 投稿热线：（010）88379604
华章网站：www.hzbook.com 读者信箱：hzit@hzbook.com

Preface 序　言

如今，互联网大流量早已进入了移动端，国内主流互联网产品的移动端流量已经普遍超过整体流量的80%。在移动端应用开发中，我们要面临为不同操作系统（Android、iOS、Windows 10）、不同设备（手机、平板）开发应用的问题，为此我们需要投入额外的成本应对这些差异。就算我们投入了成本，开发出了产品，在下载和安装环节，仍然存在很大的推广成本问题。统计学研究表明，安装烦琐是用户放弃尝试更多应用的主要原因之一。

PWA技术可以很好地解决这些问题。PWA运用现代的Web API能力为Web进行了扩展和增强，使Web具有与原生应用程序类似的体验度和能力。作为一种W3C的规范实现，PWA可以正常地运行在各个平台的浏览器中，真正做到一套代码解决所有平台一致性问题。同样，由于PWA具备安装成本几乎为0的特点，它非常适合实现Web端到应用端的过渡，提升转化率。

目前，国内外越来越多的网站对PWA进行了接入，如星巴克、优步、推特、脸书、淘宝、饿了么，等等，接入后的性能和转化率都有明显提升。如今谷歌、微软、英特尔等公司为PWA投入了技术支持和发展，Web的主流框架React、Vue等对PWA提供了快速接入方案，主流的浏览器厂商也紧跟其后，共同为PWA生态系统提供支持。

然而，根据我近几年对国内业界和前端社区的观察，可以说PWA在国内还没有发挥出它应有的作用。在这里，我尝试分析一下其中的原因，以及未来趋势。

第一，至少近三年，国内前端领域的技术发展，除了跟随国外最新动向之外，总的趋势是业务属性较强的技术更受重视。其中，最令人瞩目的小程序相关技术，以及低代码搭建相关技术，就是典型——两者分别迎合了国内头部互联网公司流量分发强管控的现实需求，以及中国互联网产业逐步转向企业服务的大背景。

PWA 作为一个中立性很强的技术组合，尽管主要由 Google 推动，但其开放性以及主要着眼点在于优化具体的产品体验而非满足业务诉求的特点，导致它在国内主要由社区推动，声量明显不如商业推动力强的技术，处于一种“大家各取所需，却不知道别人也在各取所需”的微妙境地。

面对这种状况，作为技术人，我们要理性看待，而不是像一些跟风者一样片面地去肯定或者否定一项技术。事实上，PWA 作为一个渐进式的技术组合，其中的若干技术，比如 Service Worker、离线存储，乃至性能评估工具 Lighthouse 等，早已因其极强的实用性，在国内得到了广泛应用。

第二，一项工程技术的落地，除了原理论证以及各种功能点与性能指标的验证之外，还需要一个成本颇高的“踩坑”过程。这不是找一两个实习生通过 Demo 做个演示就可以解决的，而是需要实实在在的经验积累，其中既包含实现细节、性能优化、技术权衡、应对国内特殊场景的技巧等知识的积累，又包含开发、运维、数据统计等必不可少的开发工作链路上的基础设施建设与经验积累。

一直以来，PWA 技术领域都缺乏优质、可靠的中文技术资料。对其做调研的团队，一方面直接参考官方文档，一方面只能通过各种技术博客等不可靠的渠道获取一些零散的信息，通过拼凑和尝试积累经验，这无形中推高了技术调研的成本。

而你现在看到的这本书可以作为一个好的开始。作为第一本出现在我视野中的中文 PWA 技术书籍，这本书的优点在于，它既不是文档翻译，也不是手把手教你敲命令，把开发技术写成“菜谱”，而是涵盖了从理论准备到实操流程，再到经验分享的一本“全链路书籍”。它可以帮你真正理解 PWA，同时获得一些由作者亲自验证过的工程落地中“踩坑”的经验。从这个角度来说，这本书完全可以称为“PWA 民间中文指南”，有了它，我们终于拥有了一些可靠的、系统化的、本地化的、开箱即用的 PWA 技术资产。

第三，PWA 的定位在于让开发者快速开发出同时具备“优质的 Web，轻盈的应用”两种属性的产品。而这样的属性，在粗放发展的互联网业态中，暂时没有得到应有的重视。

然而，事情正在发生变化。

在大家都在谈论“互联网下半场”的时代，我们有必要思考“下半场”对于我们而言有什么样的具体含义。我的个人理解是，所谓上半场，比的是人无我有，人慢我快；

而下半场，比的是人有我优，人粗放我精致，我们现在正在见证这样的市场转变。而PWA，作为一种显著提高用户体验的技术，必然在这个过程中展现出它的优势，谁能更快更好地利用这种优势，谁就能在新阶段的前端技术竞争中占领先机。

综上，这是一本值得期待的书，它在一定程度上弥补了国内 PWA 领域技术书籍的空白，并且将这个任务完成得相当漂亮。如果有人请我分享前端技术书单，我想这本书应该会位列其中。

——知乎知名技术作者　欲三更

2020 年 4 月于杭州

前　　言 Preface

我最初接触PWA是在2017年年初，当时参加了一个前端分享会，其中一个主题就是与PWA相关的，介绍了PWA的Service Worker和安装到桌面的能力，以及这门技术未来的发展趋势，听完这个分享后，我就为PWA的一些能力所吸引。

Web本身的优势就非常明显，如可分享，可搜索，无须下载，在任何设备上有相同的展示等，现在再加上PWA的能力，让Web在原有的基础上具备了类原生应用程序的功能，这对于Web开发者来说是一个福音，可以让Web提供更好的用户体验，也能带来更多红利。随后，我便开始了对PWA的学习和探索之路。

在实际工作中，有很多场景适合使用PWA，这也使我的PWA实践之路有了一个很好的前提条件。在实践的过程中，并没有想象的那么顺利，PWA的大多数概念都有一些理解成本，一不小心就会犯错，大多数情况下是一边“挖坑”一边“填坑”。当然，最后在很多合适的场景中，我发现PWA的接入确实带来了非常好的效果，为业务产品带来了更多价值，提升了用户体验。

本书是一本PWA技术入门和实践的图书。通过本书，你可以对PWA有较深入的理解并进行一些项目实践。本书对PWA的核心技术做了比较透彻的讲解，对PWA中可能遇到的问题及一些注意事项也进行了充分说明。阅读过程中，所有的PWA知识点基本都可以在本书中找到说明。本书既可以作为一本PWA的入门图书，也可以作为一本PWA的使用手册。遇到关于PWA的问题时，请阅读这本书，相信本书可以让你找到问题的解决方法。

第1章介绍PWA的发展历程及生态环境，并为你开启第一个PWA应用示例，让你对PWA有一个基本了解。第2章介绍PWA的一些前置技术及预备知识，让你后面的学习过程更顺畅，如果你对这部分知识已有所了解，则可以跳过这一章。第3章开始对PWA最核心的部分——Service Worker进行讲解，这一章详细讲解了Service Worker的各个知识点、注意事项及实践。第4章开始进入PWA的核心API部分，在这一章中，你可以学习PWA的一些核心API，包含安装到桌面、新一代网络请求、消息通知、后台同步、离线缓存、消息推送，该章中各小节属于并行知识点，可根据需求阅读任意一节。第5章介绍PWA使用过程中的一些配套工具，包括调试工具、评测工具和提效工具，等等，让你的PWA开发过程更顺畅。第6章为PWA的实践部分，针对不同的功能需求进行实践讲解。第7章讲解Web的系统集成能力，让系统集成能力配合PWA，使Web可以和应用程序相媲美。

本书主要面向有一定Web开发基础的读者，以及想学习PWA或者需要一本全面的PWA手册的开发者。

本书中用到的项目代码可以通过GitHub下载，地址为https://github.com/lecepin/PWA-Book。

致谢

首先要感谢我的前主管兰弼，他在实际工作中给了我充分的时间深挖PWA的价值和使用场景，并给了我在实际产品项目中落地的实践机会，让我在这方面有了非常多的实践经验。然后要感谢我的现主管仙甲对我在PWA技术上的支持和鼓励。经过长期实践和经验总结，我对这门技术有了一定的研究，也就有了分享的欲望，所以我还要感谢机械工业出版社华章公司的吴怡编辑，是她找到了我，给我提供了写书的机会，让我可以把在PWA技术上的沉淀与更多人分享。最后要感谢工作团队的伙伴们，很多时候大家一起“脑暴”，产出了很多想法。

目　录 *Contents*

序　言

前　言

第 1 章　初识 PWA ······ 1

1.1　背景 ······ 1

1.2　PWA 概述 ······ 4

1.2.1　快速 ······ 5

1.2.2　集成 ······ 5

1.2.3　可靠 ······ 6

1.2.4　有吸引力 ······ 7

1.2.5　PWA 的布局结构 ······ 7

1.3　应用程序与 PWA ······ 8

1.3.1　能力 ······ 8

1.3.2　开发成本 ······ 8

1.3.3　安装包大小 ······ 9

1.3.4　推广成本 ······ 9

1.3.5　系统结构 ······ 9

1.3.6　综合 ······ 10

1.4　PWA 的生态支持 ······ 10

1.4.1　浏览器对 PWA 的支持 ······ 11

1.4.2　PWA 的生态 ······ 11

1.5　成功案例 ······ 12

1.5.1　Twitter ······ 12

1.5.2　HOUSING.com ······ 12

1.5.3　兰蔻 ······ 13

1.5.4　星巴克 ······ 13

1.6　环境准备 ······ 13

1.6.1　浏览器 ······ 13

1.6.2　Node.js 环境 ······ 13

1.6.3　HTTP Server ······ 14

1.6.4　调试工具 ······ 14

1.7　第一个 PWA ······ 16

1.7.1　创建首页 ······ 16

1.7.2　注册 Service Worker ······ 17

1.7.3　网络层拦截图片 ······ 19

1.7.4　定制 404 页面 ······ 19

1.7.5　离线可用 ······ 21

1.7.6　添加到主屏幕 ······ 22

1.8　本章小结 ······ 24

第 2 章 预备知识 …… 25

2.1 JavaScript Module …… 25

2.1.1 JavaScript 模块化历史 …… 25

2.1.2 什么是 JavaScript Module …… 26

2.1.3 浏览器中使用 JavaScript Module …… 29

2.1.4 为什么要用 JavaScript Module …… 31

2.2 Promise …… 31

2.2.1 背景 …… 31

2.2.2 概念 …… 32

2.2.3 构造函数 …… 32

2.2.4 实例方法 …… 33

2.2.5 静态方法 …… 35

2.2.6 实例 …… 39

2.3 async / await …… 40

2.3.1 async …… 40

2.3.2 await …… 42

2.3.3 async / await 的优势 …… 43

2.4 Web Worker …… 44

2.4.1 背景 …… 44

2.4.2 简介 …… 44

2.4.3 主线程 API …… 46

2.4.4 Worker 线程 API …… 48

2.4.5 实例 …… 49

2.5 本章小结 …… 51

第 3 章 PWA 的核心桥梁：Service Worker …… 52

3.1 Service Worker 的结构 …… 52

3.1.1 ServiceWorkerContainer 接口 …… 53

3.1.2 ServiceWorkerRegistration 接口 …… 58

3.1.3 ServiceWorker 接口 …… 60

3.1.4 ServiceWorkerGlobalScope 接口 …… 62

3.2 Service Worker 的生命周期 …… 68

3.2.1 脚本的生命周期 …… 68

3.2.2 线程的生命周期 …… 69

3.2.3 线程退出 …… 70

3.2.4 更新 Service Worker 文件的条件 …… 71

3.2.5 调试生命周期 …… 71

3.3 本章小结 …… 72

第 4 章 核心技术 …… 73

4.1 Manifest 应用清单 …… 73

4.1.1 简介 …… 73

4.1.2 字段说明 …… 74

4.1.3 安装条件 …… 78

4.1.4 显示安装横幅 …… 78

4.1.5 自定义安装时机 …… 80

4.1.6 应用的更新 …… 81

4.1.7 iOS 上的适配 …… 82

4.1.8 兼容适配库 …… 83

4.2 Fetch 网络功能 …… 83

4.2.1 Fetch 简介 …… 83

4.2.2 Request …… 86

4.2.3 Headers …… 88

4.2.4 Response …… 93

4.2.5 Body …… 95

4.2.6 实例 …… 95

4.3 Notification 消息通知 ······ 98
4.3.1 简介 ······ 98
4.3.2 接口信息 ······ 99
4.3.3 实例 ······ 102
4.4 Sync 后台同步 ······ 104
4.4.1 SyncManager 接口 ······ 104
4.4.2 Sync 流程 ······ 105
4.4.3 使用场景 ······ 107
4.5 Cache 离线存储 ······ 110
4.5.1 简介 ······ 110
4.5.2 CacheStorage ······ 111
4.5.3 Cache ······ 112
4.5.4 缓存空间问题 ······ 115
4.5.5 opaque 响应缓存问题 ······ 115
4.6 Push 消息推送 ······ 117
4.6.1 简介 ······ 117
4.6.2 接口 ······ 117
4.6.3 订阅实现 ······ 121
4.6.4 推送协议 ······ 124
4.6.5 VAPID 密钥的生成 ······ 126
4.6.6 实例 ······ 128
4.6.7 常见问题 ······ 129
4.7 本章小结 ······ 130

第 5 章 配套工具 ······ 131

5.1 PWA 工具箱：Workbox ······ 131
5.1.1 CLI 模式 ······ 131
5.1.2 手写模式 ······ 138
5.1.3 Workbox 路由 ······ 139
5.1.4 Workbox 插件 ······ 141
5.1.5 实例 ······ 141
5.2 离线数据库：IndexedDB ······ 145
5.2.1 接口 ······ 145
5.2.2 操作 ······ 146
5.2.3 在 Service Worker 中使用 IndexedDB ······ 157
5.2.4 更简单的 IndexedDB ······ 158
5.3 评测报告：Lighthouse ······ 160
5.3.1 简介 ······ 160
5.3.2 打开 Lighthouse ······ 161
5.3.3 测试 PWA ······ 161
5.3.4 测试结果 ······ 161
5.4 调试工具：DevTools ······ 163
5.4.1 在 Chrome 上调试 ······ 163
5.4.2 在 Safari 上调试 ······ 169
5.4.3 在 Firefox 上调试 ······ 170
5.4.4 调试小结 ······ 171
5.5 本章小结 ······ 171

第 6 章 实践方案 ······ 172

6.1 接入 Service Worker ······ 172
6.1.1 注册方案 ······ 172
6.1.2 状态同步方案 ······ 175
6.1.3 Service Worker 开关方案 ······ 176
6.1.4 错误收集 ······ 177
6.2 安装网站到桌面 ······ 178
6.2.1 为网站增加桌面能力 ······ 178
6.2.2 新闭环方案 ······ 180
6.2.3 新闭环方案实现 ······ 181
6.3 消息通信 ······ 182

6.3.1 窗口向 Service Worker 线程通信 ………… 182
6.3.2 Service Worker 线程向窗口通信 ………… 186
6.4 数据离线 ………… 189
6.4.1 离线处理时机 ………… 189
6.4.2 离线策略 ………… 193
6.5 推送通知 ………… 197
6.5.1 Web Push 库的选择 ………… 197
6.5.2 应用服务器后端搭建 ………… 198
6.5.3 前端页面搭建 ………… 200
6.5.4 效果 ………… 202
6.5.5 无法推送 / 订阅 ………… 203
6.6 改造网站为 PWA ………… 203
6.6.1 准备 ………… 203
6.6.2 PWA 检测 ………… 204
6.6.3 PWA 改造 ………… 204
6.6.4 重新评测网站 ………… 215
6.7 本章小结 ………… 215
第 7 章 系统集成 ………… 216
7.1 系统集成项目组 Fugu ………… 216
7.2 摄像头和麦克风集成 ………… 217
7.2.1 音频和视频的捕获 ………… 217
7.2.2 视频流的截图 ………… 219
7.2.3 视频流下载 ………… 221
7.3 输入集成 ………… 224
7.3.1 语音识别 ………… 224
7.3.2 剪切板操作 ………… 226
7.4 设备特性集成 ………… 228
7.4.1 网络类型及速度信息 ………… 229
7.4.2 网络状态信息 ………… 229
7.4.3 电池状态信息 ………… 230
7.4.4 设备内存信息 ………… 230
7.5 定位集成 ………… 231
7.5.1 地理定位 ………… 231
7.5.2 设备位置 ………… 233
7.6 本章小结 ………… 235

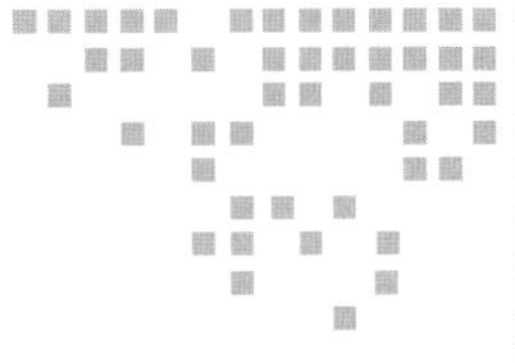

第1章 初识PWA

Chapter 1

PWA 是什么？它是用来做什么的？在一些 Web 前端技术大会上为什么经常听到这个关键字？它和 Web 有什么关系？我该如何使用它？

本章将针对以上问题介绍 PWA 产生的背景以及 PWA 的核心诉求，通过原生应用与 PWA 的比较了解到它们之间的关系和优劣，以及目前主流前端框架、浏览器厂商对 PWA 的支持情况。通过一些实际的企业接入 PWA 后的数据，来了解 PWA 对企业带来的真实影响。

本章也会为你搭建一个 PWA 的开发和调试环境，并为你开启第一个 PWA 应用。

1.1 背景

根据全球性互联网信息服务提供商 comScore 公司的数据统计，早在 2013 年，全球网络移动端的用户数量就超过了桌面端，目前互联网已进入了移动时代。

移动端的用户会花费 78% 的时间去使用应用程序，而在移动网页上仅花费 13% 左右的时间。但这一数据并不能证明应用程序全是优点，把重点放到开发应用程序上也并非就万事大吉了。应用程序面临一个很大的问题，那就是多数用户会把 78% 的时间放在常用的 3 个应用程序上。那么，如果你的应用程序不是用户常用的 3 个软件，那将会非常糟糕。

调查显示，用户每月安装的新软件平均数量很少，相比之下，每月访问的移动端网站数量大约为 100。

此外，还需要看一下应用程序和 Web 推广的获利成本问题。在中国有 90 多个应用商店，排行前十的应用商店占据了 90% 的市场份额，竞争十分激烈，获取用户的成本高。目前一些应用市场如图 1-1 所示。

图 1-1　应用市场

大约每次推广应用程序成功获取一个用户需要花费 3.75 美元，而通过推广 Web 成功获取一个用户仅花费 0.07 美元，如图 1-2 所示。

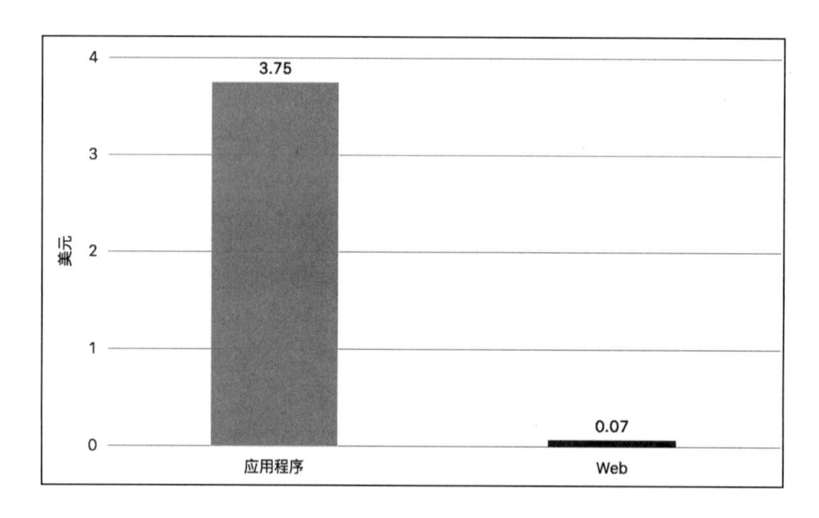

图 1-2　应用程序和 Web 的推广成本对比

对比应用程序和 Web 可以看出：应用程序具有更强大的能力，如桌面进入、使用系统硬件、可离线工作等；Web 具有更好的易达性，用一个 URL 就可以访问、被搜索和分享。两者的优势对比如图 1-3 所示。

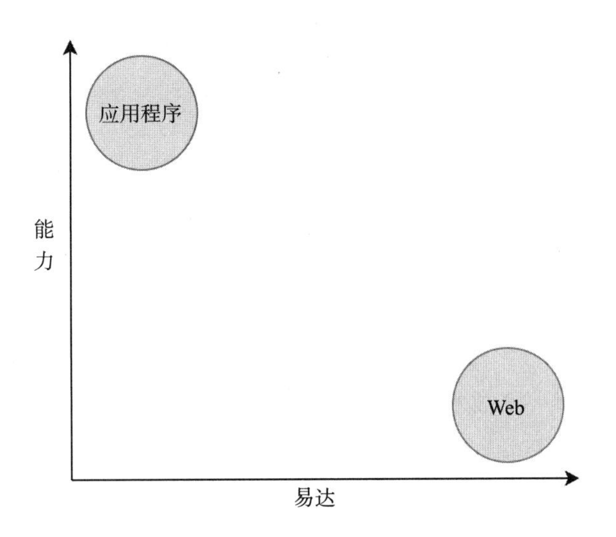

图 1-3　应用程序和 Web 的优势

有没有什么方法可以让开发的应用程序既有原生应用程序的能力，又有 Web 的易达性呢？比如让用户在移动端主屏幕上点击相应的程序图标，程序就可以快速启动，当网络处于离线状态时也可以正常工作，程序可以运行在后台，即使程序关闭依然可以接收到推送消息，还可以使用摄像头、麦克风等系统硬件资源，且不需要为每个不同的平台开发不同的版本。

那就是我们的主角——PWA，它赋予 Web 更强大的能力，如图 1-4 所示。

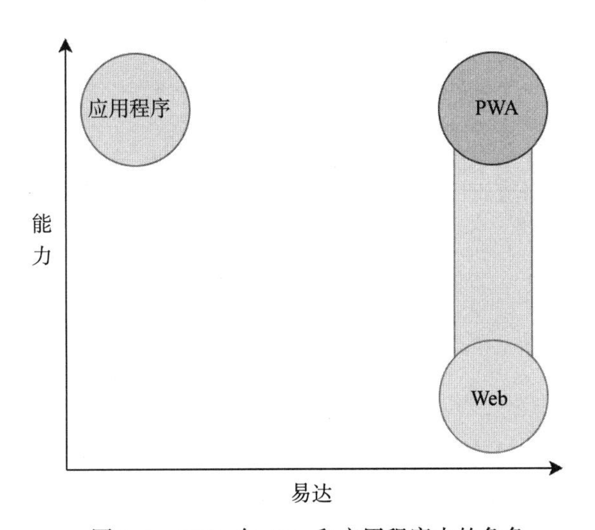

图 1-4　PWA 在 Web 和应用程序中的角色

1.2 PWA 概述

PWA（Progressive Web App，直译是渐进式 Web 应用）最早在 2015 年由 Alex Russell 正式提出，2016 年开始，Google 大力对 PWA 进行支持和推广，让 PWA 的概念深入人心，此后的各种 Web 技术大会中 PWA 也成了必不可少的分享主题。2018 年年初，iOS Safari 正式对 PWA 进行了支持，扫除了 PWA 落地的一大障碍。

PWA 中的 P（Progressive）有两层含义，一方面是渐进增强，用渐进增强的方式来让 Web App 的体验和功能能够更接近原生 App 的体验及功能，另一方面是指下一代 Web 技术。

PWA 并不是描述某一个技术，而是一些技术的合集，如图 1-5 所示。

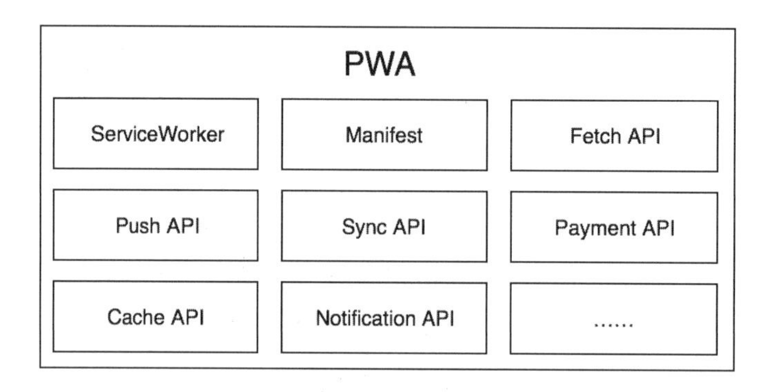

图 1-5 PWA 的组成部分

PWA 从根本上改变了端到端的用户体验，为了做到这一点，PWA 专注于 4 个方面，如图 1-6 所示。

图 1-6 PWA 的专注点

- 快速：使 Web 快速运行。
- 集成：使 Web 能力与系统能力集成。
- 可靠：确保其可靠运行。

❑ 有吸引力：能够提供和原生应用一样的体验。

1.2.1 快速

用户期待的应用程序应该是可以快速加载的，并且可以平滑过渡。在 Web 开发中，我们会着重关注性能问题，尤其在一些中低端的移动手机上性能问题表现得特别明显。因为对页面的加载时间会直接影响用户对应用的使用态度。

当打开一个网页所用时间超过 3 秒时，有 20% 甚至更多的用户将会放弃访问该网站，如图 1-7 所示。

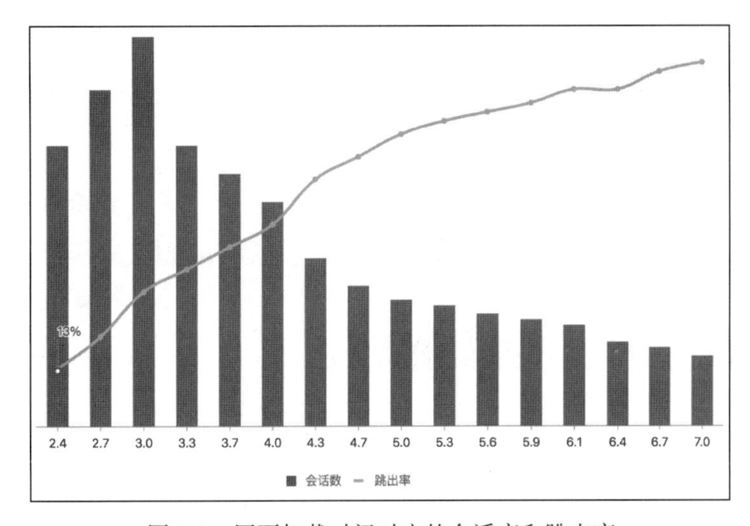

图 1-7 网页加载时间对应的会话率和跳出率

所以，访问速度对网站来说是十分重要的。

1.2.2 集成

打开网站时，用户不必通过打开浏览器来访问网站，甚至用户意识不到这是一个网站。用户可以与网站有一个很好的互动，即便在不同的设备上这些应用也是一样的。网站可通过过主屏幕的图标启动，可以在任务栏里看到它，它也有权限访问系统所有的功能和硬件。像 Web 支付，用户无须填写复杂的账单信息，而是可以通过 API 直接调用支付系统。在不同的设备上添加网站到主屏幕也保持了相同的集成体验。如图 1-8 所示。

图 1-8 PWA 的支付能力和添加到主屏幕能力

1.2.3 可靠

在互联网时代，用户在使用网站时已经习惯了一直在线的状态，他们不关心网络环境，而是希望无论在什么环境下网站都是可靠的。

然而手机并不是总在线，或许用户开启了飞行模式，或许用户在地铁、地下停车场等无信号区域。在这种离线状态下，访问网站时会出现一个类似“您处于离线状态”的页面，如图 1-9 所示，这样的用户体验是糟糕的。

为了让网站在主屏幕上有一席之地，即使在网络不可靠的情况下，我们也要让网站可靠。

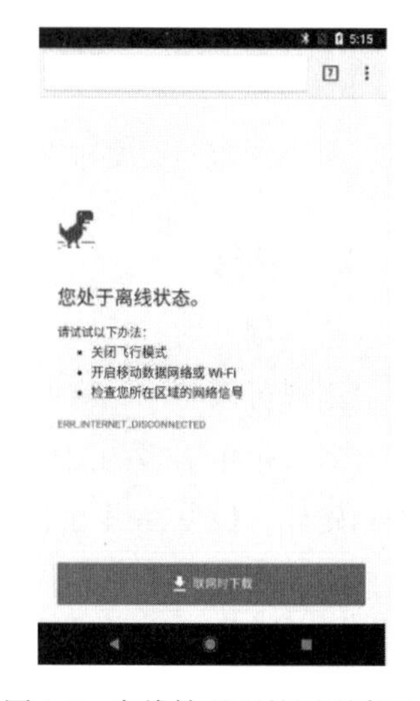

图 1-9 离线情况下的网页表现

1.2.4　有吸引力

有吸引力的网站可使用户的整个体验过程十分愉悦，可以轻松完成他们需要做的事情。例如 Web 推送能力，它可以及时通知用户了解情况，即使浏览器处于关闭状态，用户仍然可以接收到推送消息。Web 推送能力使移动端的用户从每月活跃用户向每日活跃用户转变。

1.2.5　PWA 的布局结构

PWA 的所有能力都是由浏览器层进行赋能，开发者调用浏览器层的相应 API，浏览器再去调用系统的相关资源，以此来实现 PWA 的能力。开发者在使用 PWA 能力时，无须关心处于什么操作系统，一切由浏览器“抹平”，在任何系统环境下都能保证一致的用户体验。PWA 的布局结构如图 1-10 所示。

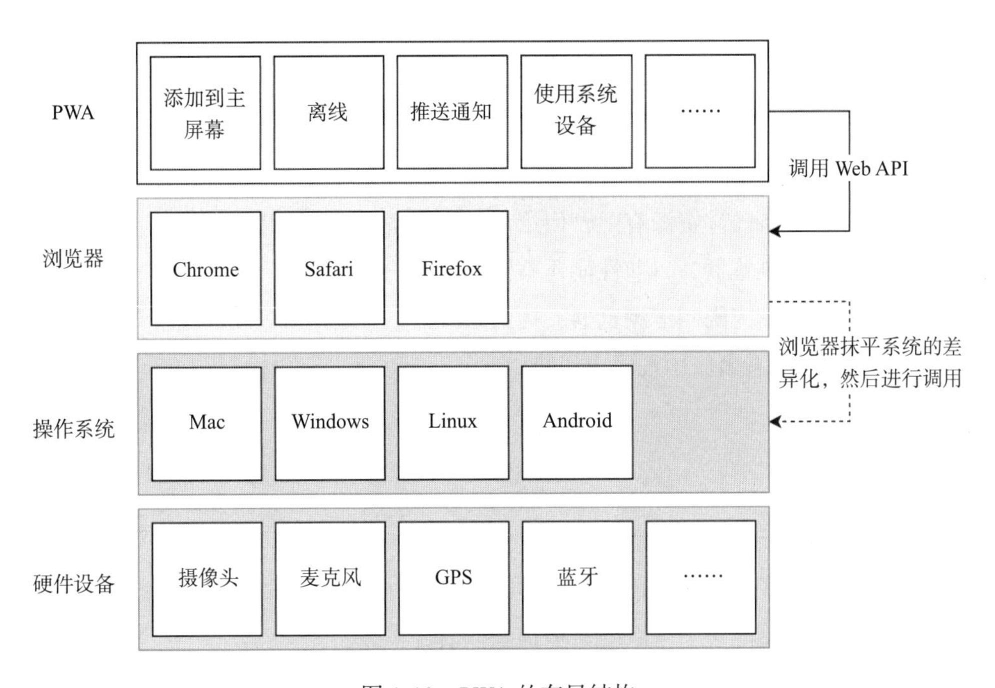

图 1-10　PWA 的布局结构

PWA 的相关 API 由 W3C 定制，由浏览器厂商实现。可以在支持的浏览器上进行渐进增强，在还未支持的浏览器上进行优雅降级。

1.3 应用程序与 PWA

下面对应用程序和 PWA 进行对比，看一下两者的区别和优劣势。从以下角度进行对比：

- ❑ 能力。
- ❑ 开发成本。
- ❑ 安装包大小。
- ❑ 推广成本。
- ❑ 系统结构。

1.3.1 能力

应用程序：

- ❑ 可以操作设备中几乎所有硬件资源。
- ❑ 性能好，速度快。
- ❑ 几乎无约束，自定义能力强。

PWA：

- ❑ 可操作的设备硬件资源有限，但用户常用设备基本都可以使用。
- ❑ 性能依赖于浏览器，目前性能还不错。
- ❑ 用户的一切行为限制于浏览器支持的 API。

从能力方面可以看出应用程序占优势。

1.3.2 开发成本

应用程序：

- ❑ 不同的操作系统，需要进行单独开发。
- ❑ 即便有一些多端方案，仍然需要对不同的平台进行特殊处理。
- ❑ 开发人员需要足够了解系统及多种编程语言。

PWA：

- ❑ 只需要一套代码，就可以在任意平台运行。
- ❑ 无须关心平台的差异性，因为在任何平台上展示的效果都是一样的。
- ❑ 只需要会 Web 的编程语言即可开发。

在开发成本方面，PWA 占优势。

1.3.3 安装包大小

应用程序：

- 对不同的操作系统要开发不同的安装包。
- 安装包的大小从几 MB 到几百 MB 不等。

PWA：

- 无安装包，只需要一个 URL 即可。
- 页面的大小也只有几 KB 到几 MB。

可以拿 Twitter 应用的安装包来对比一下：

- Android：24MB。
- iOS：214MB。
- PWA：0.6MB。

在安装包大小方面，PWA 占优势。

1.3.4 推广成本

应用程序：

- 应用程序属于封闭型软件，不可分享，不可被搜索，只能借助于应用市场进行推广。
- 拿国内来说，应用市场众多，但是每个应用市场中都需要接入成本，并且每个应用市场的推广成本都非常高。
- 用户要想使用你的应用程序，必须下载，这增加了用户接入成本。

PWA：

- 用一个 URL 即可进行推广。
- 可分享，可被搜索。
- 无下载安装成本。
- 推广费用低。

在推广成本方面，PWA 占优势。

1.3.5 系统结构

应用程序：

- 直接与系统进行通信，可以调用系统支持的一切 API。

PWA：

- 能力依赖于浏览器提供的能力。

在系统结构方面，应用程序占优势。

二者在系统结构方面的对比如图 1-11 所示。

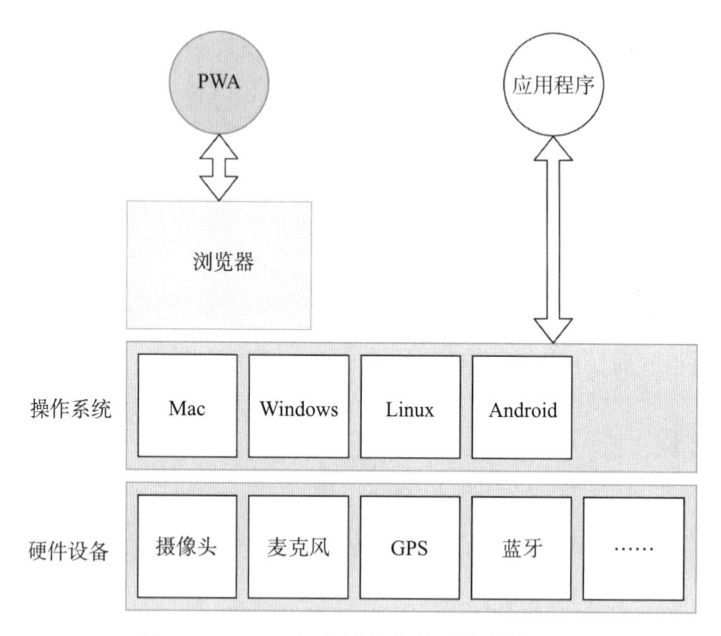

图 1-11 PWA 与应用程序的系统结构对比

1.3.6 综合

通过对比可以看到，PWA 拥有更少的开发成本、更少的推广成本和更少的用户接入成本，同时拥有接近应用程序的能力和体验。

如果你的站点已经有了应用程序，那么可以将 PWA 赋能到你的 Web 站点上，作为用户在 Web 和应用程序间的过渡。

如果你要做一个应用程序，那么建议先做一个成本更低、更易推广的 PWA 站点。

1.4 PWA 的生态支持

PWA 的能力依赖于浏览器的支持，那么目前浏览器对 PWA 的支持度如何呢？ PWA 的生态现状又在发生着哪些变化？ Web 开发者有哪些惊喜？本节将介绍这些方面。

1.4.1　浏览器对 PWA 的支持

目前各个浏览器对 PWA 的支持如图 1-12 所示。

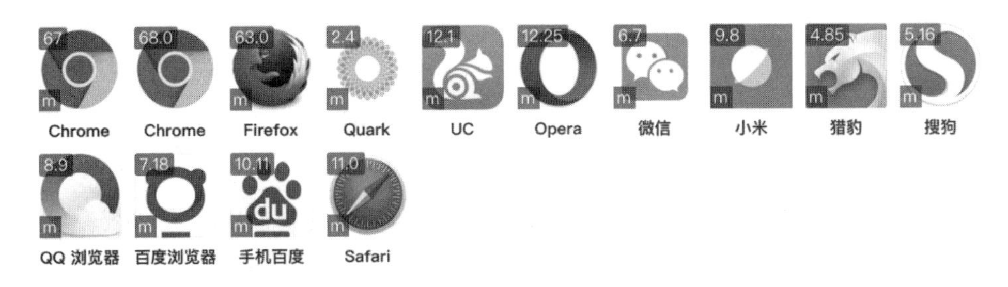

图 1-12　各浏览器对 PWA 的支持情况

可以看到大多数浏览器都对 PWA 进行了支持，开发者可以放心地开发 PWA，当然，还是那句话，"渐进增强，优雅降级"。iOS 11.3 也开始对 PWA 的核心能力进行了支持。

2019 年 5 月，Chrome 也在 Windows、Mac、Linux 平台中支持了添加到桌面特性。整体时间进度如图 1-13 所示。

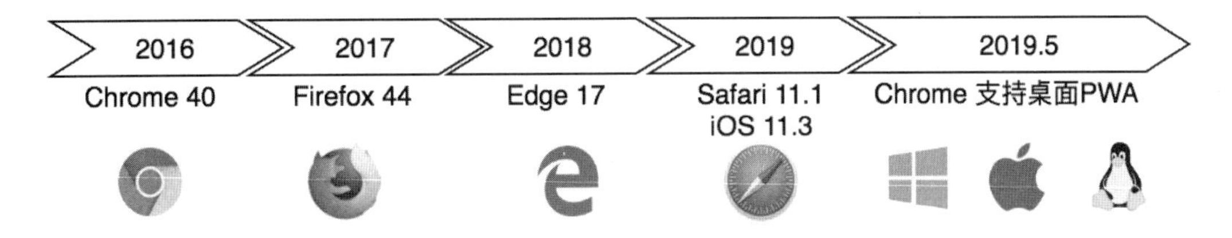

图 1-13　各时间阶段浏览器厂商对 PWA 的支持情况

1.4.2　PWA 的生态

目前 PWA 的生态很繁荣，从主流的前端框架到不同系统平台的应用商店以及底层的硬件厂商都对它进行了比较好的支持。其生态体系如图 1-14 所示。

Chrome 在 72 版本中，对 Android 平台使用了 Trusted Web Activities(TWA) 和 Digital Asset Links(DAL)，将 Web 结合到了应用程序中，并支持发布到 Google play 商店。

2018 年 6 月，微软也宣布 PWA 可以基于 UWP 发布到 Microsoft Store 中，作为应用程序使用。

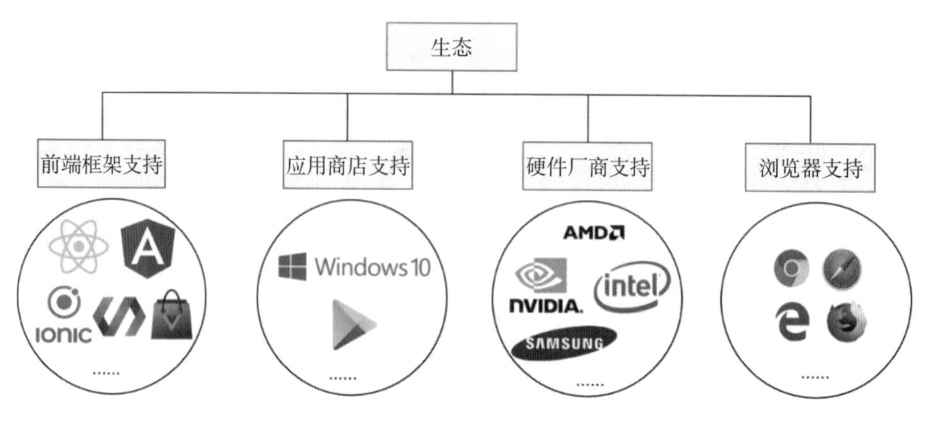

图 1-14 PWA 的生态

1.5 成功案例

自 PWA 推出以来，世界上知名的企业基本都接入了 PWA。未来会有超过 50% 的企业进行 PWA 能力的接入。下面通过几个实际接入 PWA 的案例数据来了解一下它给企业带来的真实影响。

1.5.1 Twitter

Twitter 是一家美国社交网络及微博客服务的网站，是全球互联网上访问量最大的十个网站之一。

接入 PWA 后：

- 会话浏览量增加 65%。
- 推文发送量增加 75%。

1.5.2 HOUSING.com

HOUSING 是印度知名的房产搜索网站。

接入 PWA 后：

- 页面加载速度提升 30%。
- 用户转化率增加 38%。

1.5.3　兰蔻

兰蔻是全球知名的高端化妆品品牌。

接入 PWA 后：

- 页面加载速度提升 84%。
- 用户转化率提升 8%。
- 移动端使用量增加 53%。
- 转化次数增加 13%。

1.5.4　星巴克

星巴克是知名的咖啡连锁店。

接入 PWA 后：

- 每日活跃用户较之前增长两倍。
- 订单数量每周增加 12%。

1.6　环境准备

在开始后面的学习过程之前，我们需要准备一个 PWA 的开发和测试环境来保障我们对 PWA 的学习和使用。

1.6.1　浏览器

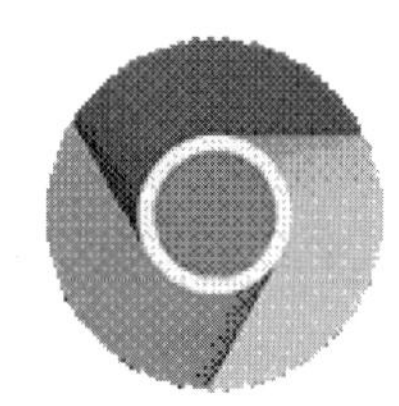

浏览器是 PWA 运行的平台，为了更好地测试和支持尽可能多的 PWA 特性，以及功能强大的调试工具 DevTools，这里我们准备 Chrome 作为本书使用的浏览器，版本尽可能高。本书写作时，使用的 Chrome 版本为 78.0.3904.97。

对于其他浏览器，后面讲知识点时，如果不同浏览器存在差异，会进行补充。

1.6.2　Node.js 环境

Node.js 提供了很多 Web 工具，使用非常方便，所以需要准备一个 Node.js 环境。

安装 Node.js 环境时，默认会安装 npm 命令。npm 主要用来进行 Node.js 的包管理。安装完成后，可以打开命令行工具，执行命令查看是否安装成功，如图 1-15 所示。

```
→  ~ node -v
v10.12.0
→  ~ npm -v
6.4.1
```

图 1-15　查看 node 和 npm 是否安装成功

1.6.3　HTTP Server

PWA 必须运行在 HTTPS 环境或者 127.0.0.1 的本地服务环境下，所以在开发、测试的过程中需要有一个本地的 HTTP Server，这里建议使用 http-server，它是一个基于 Node.js 环境的简单、零配置的 HTTP Server 命令行工具。

在命令行中执行以下命令进行全局安装：

```
npm install http-server -g
```

进入到网站目录，运行 http-server 命令即可，默认端口号是 8080，可以通过 http-server -p xxxx 来指定端口号，如图 1-16 所示。

```
→  ~ http-server -p 8080
Starting up http-server, serving ./public
Available on:
  http://127.0.0.1:8080
  http://192.168.1.100:8080
Hit CTRL-C to stop the server
```

图 1-16　执行 http-server 命令

停止服务，在正在执行的命令行中按 Ctrl + C 键即可，Mac 中按 Control + C 键。

1.6.4　调试工具

调试工具建议使用 Chrome 的内置工具 DevTools，该工具调试功能强大，后面章节中也会对其他主流浏览器的调试技巧进行介绍。该工具图标及界面如图 1-17 所示。

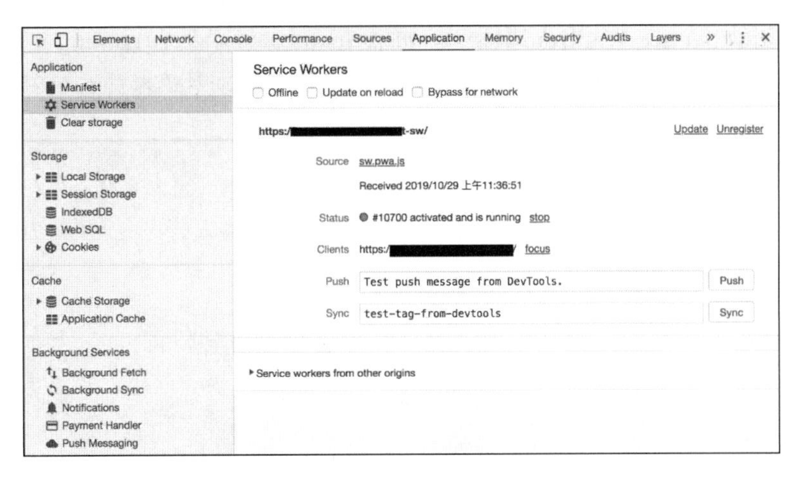

图 1-17　DevTools 工具

在 Mac 中通过 Cmd + Opt + I 键打开 DevTools，在 Windows 系统中可以通过 F12 键打开，也可以用鼠标在页面中右击并选择“检查”命令来打开。

因为后面示例都会在同一个地址下访问，为了避免上次的 Service Worker 的影响，请在每一个新示例开始之前，清除上次的 Service Worker 缓存及线程，具体操作如下：

在 Chrome 中进入站点地址，打开 DevTools，切换到 Application 面板，选择左侧的 Clear storage 选项卡，将下面的清除项目全部选中，单击 Clear site data 按钮，进行清除操作，如图 1-18 所示。

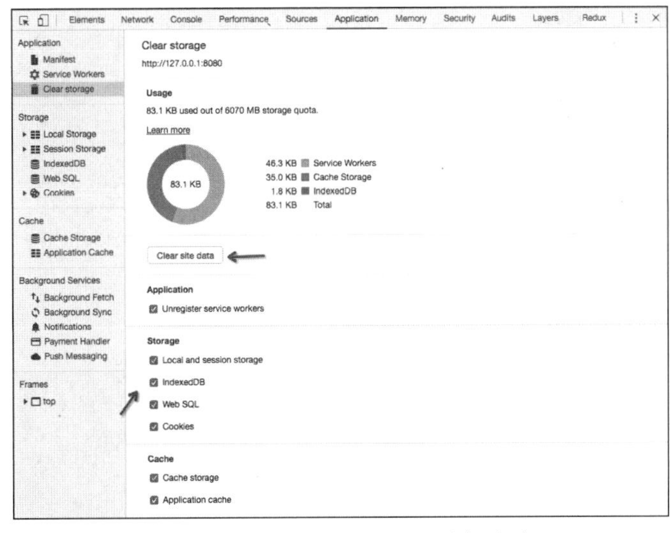

图 1-18　对 Service Worker 进行清除

选择左侧的 Service Workers 选项卡，如果 Status 中显示了 is running 字段，则需要单击后面的 stop 按钮进行停止操作，如图 1-19 所示。具体细节将在后面介绍。

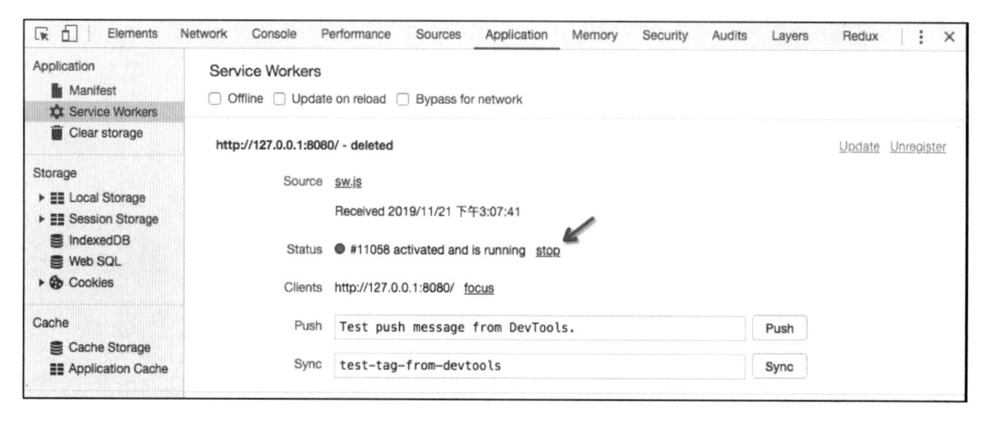

图 1-19　停止 Service Worker 线程

1.7　第一个 PWA

本节就来开发我们的第一个 PWA 程序，体验如何开发一个 PWA 应用以及 PWA 有哪些能力，主要包含：

- ❑ PWA 的接入。
- ❑ 对网络请求层的控制。
- ❑ 网络请求的离线。
- ❑ 对 404 页面的拦截及定制。
- ❑ 添加到主屏幕。

1.7.1　创建首页

简单地写一个首页，创建 index.html：

```
<!DOCTYPE html>
<html>
  <head>
    <meta charset="UTF-8" />
    <meta name="viewport" content="width=device-width, initial-scale=1.0" />
    <title>第一个 PWA</title>
  </head>
```

```
  <body>
    <h1>第一个 PWA</h1>
    <img src="images/network.jpg" />
  </body>
</html>
```

打开命令行工具，进入当前文件目录，执行 http-server 命令，如图 1-20 所示。

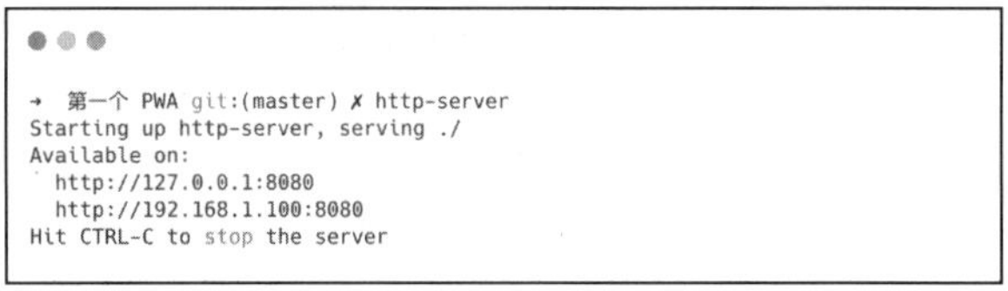

```
→ 第一个 PWA git:(master) ✗ http-server
Starting up http-server, serving ./
Available on:
  http://127.0.0.1:8080
  http://192.168.1.100:8080
Hit CTRL-C to stop the server
```

图 1-20　执行 http-server 命令启动静态服务器

在 Chrome 浏览器中打开网址 http://127.0.0.1:8080 进行页面访问，如图 1-21 所示。

图 1-21　在浏览器中打开项目网页

可以看到页面十分简单，只有一个标题和一张显示“来自网络”字样的图片。接下来就为这个简单的网页赋予 PWA 能力。

1.7.2　注册 Service Worker

Service Worker 是 PWA 的核心，PWA 的大部分能力都需要基于 Service Worker 来连接和使用。创建 Service Worker 文件 sw.js：

```
self.addEventListener("install", event => {
  self.skipWaiting(); // 跳过等待
});

self.addEventListener("activate", event => {
  clients.claim(); // 立即受控
});
```

在 index.html 中加入注册 Service Worker 的代码：

```
<script type="module">
  navigator.serviceWorker
    .register("sw.js")
    .then(() => {
      console.log("sw.js 注册成功");
    })
    .catch(e => {
      console.log("sw.js 注册失败", e);
    });
</script>
```

在 Chrome 浏览器中刷新首页，打开 DevTools，在 Console 面板中输出 sw.js 注册成功，说明 Service Worker 已经注册成功。在 Application 面板中的 Service Workers 中也可以看到 sw.js 已激活并且正在运行，如图 1-22 所示。

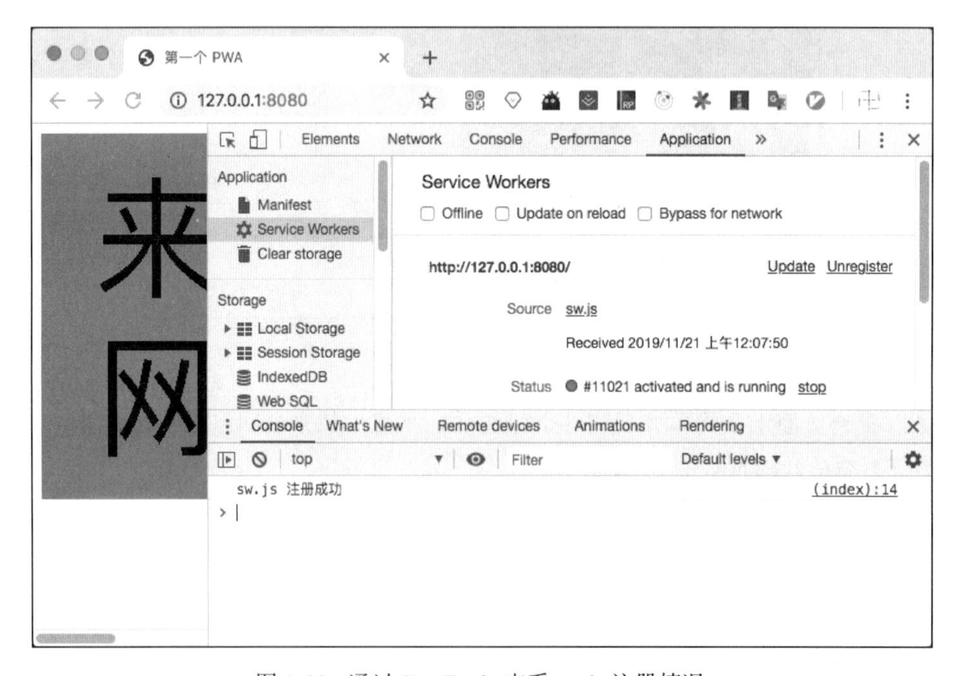

图 1-22　通过 DevTools 查看 sw.js 注册情况

1.7.3　网络层拦截图片

这里我们就可以试一下 PWA 对网络层控制的能力了。

下面实现当访问 network.jpg 时，给网页返回 pwa.jpg。

在 sw.js 中添加如下代码：

```
self.addEventListener("fetch", event => {
  if (/network\.jpg$/.test(event.request.url)) {
    return event.respondWith(fetch("images/pwa.jpg"));
  }
}
```

保存后，需要在浏览器中刷新页面两次，第一次刷新用于注册修改后的新的 sw.js，注册完成后，图片的网络请求已经结束，PWA 也就无法对这个图片的网络请求进行拦截了，所以需要多刷新一次，效果如图 1-23 所示。

图 1-23　图片请求被 Service Worker 拦截并替换

可以看到，我们对图片网络请求的替换生效了，由原来 network.jpg 图片显示的“来自网络”变为了用 pwa.jpg 图片显示的“来自 PWA”。

1.7.4　定制 404 页面

在传统的 Web 前端能力中，对于访问不存在的网页，前端是不可控制的，只能由服务端去定制规则及页面。通过 PWA 的网络代理能力，就可以很方便地去实现和定制 404 页面了。

首先创建一个 404 页面 custom404.html：

```
<!DOCTYPE html>
<html>
<head>
  <meta charset="UTF-8">
  <meta name="viewport" content="width=device-width, initial-scale=1.0">
  <title>404</title>
</head>
<body>
  <h2> 您访问的页面不存在 ~</h2>
</body>
</html>
```

在 sw.js 中对访问响应为 404 的页面进行拦截，并展示 custom404.html：

```
self.addEventListener("fetch", event => {
  if (event.request.mode == "navigate") {
    return event.respondWith(
      fetch(event.request).then(res => {
        if (res.status == 404) {
          return fetch("custom404.html");
        }
        return res;
      })
    );
  }
});
```

在 Chrome 浏览器中，访问一个不存在的页面，如 http://127.0.0.1:8080/xx，可以看一下接入前后的对比，如图 1-24 所示。

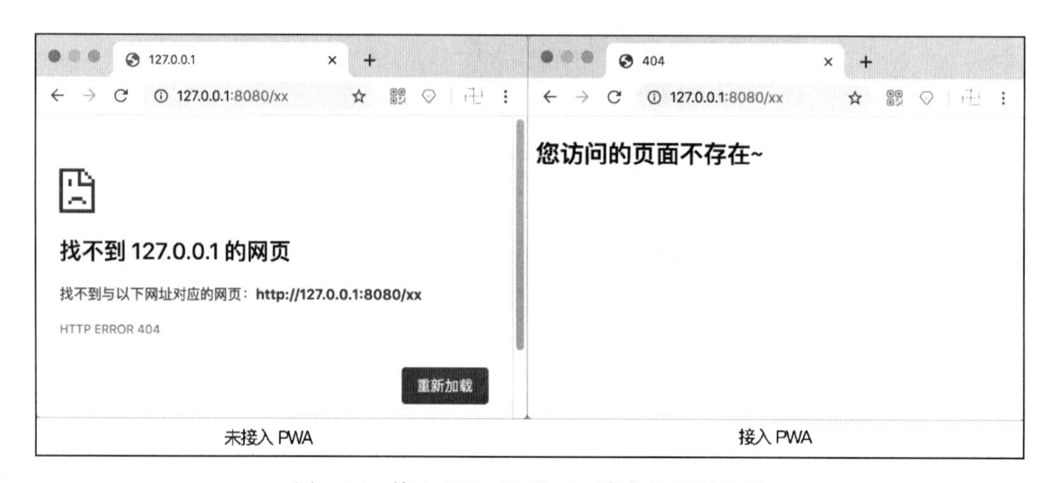

图 1-24 接入 PWA 后对 404 请求的定制处理

可以看到 PWA 的能力已经对 404 状态的不存在页面进行了控制和定制。

1.7.5　离线可用

接下来，我们来实现网页的离线可用。

根据网站结构，主要对以下资源进行离线化：

- index.html：网站首页。
- network.jpg：首页的图片资源。
- custom404.html：自定义的 404 页面。

继续修改我们的 sw.js 文件：

```
const CACHE_NAME = "pwa"; // 定义缓存名称

self.addEventListener("install", event => {
  self.skipWaiting();
  event.waitUntil(
    caches.open(CACHE_NAME).then(cache =>
      cache.addAll([
        // 在安装 Service Worker 时，将相关资源进行缓存
        "images/network.jpg",
        "custom404.html",
        "/",
        "index.html"
      ])
    )
  );
});

self.addEventListener("fetch", event => {
  return event.respondWith(
    fetch(event.request)
      .then(res => {
        if (event.request.mode == "navigate" && res.status == 404) {
          return fetch("custom404.html");
        }
        return res;
      })
      .catch(() => {
        // 离线状态下的处理
        return caches.open(CACHE_NAME).then(cache => {
          // 从 Cache 里面取资源
          return cache.match(event.request).then(response => {
            if (response) {
              return response;
```

```
                }

                return cache.match("custom404.html");
              });
            });
          })
      );
    });
```

修改完成后，再次进入首页，完成新的 sw.js 的安装，然后断开网络，看一下离线效果。如图 1-25 所示。

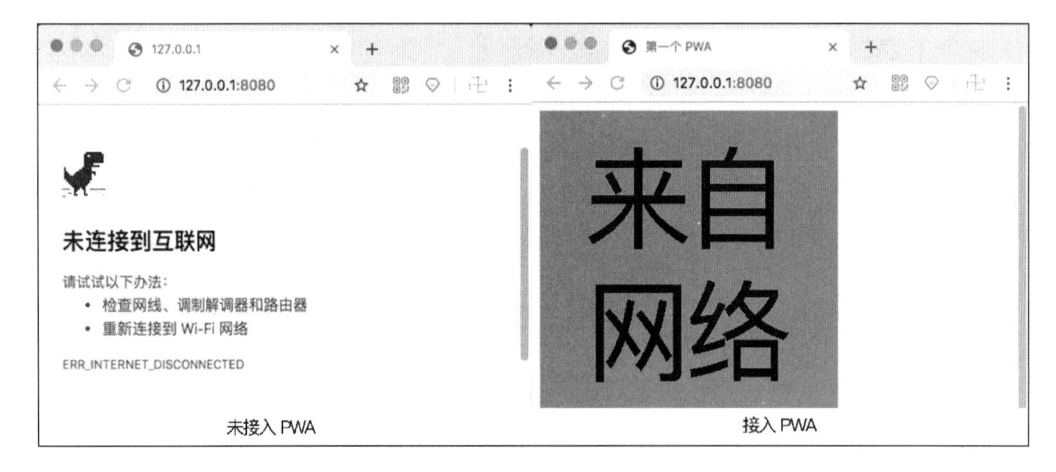

图 1-25 PWA 在离线状态下的处理

可以看到，接入 PWA 后，离线状态下依然可以访问页面。

1.7.6 添加到主屏幕

下面，我们使用 PWA 的添加到主屏幕能力，既支持移动端也支持 PC 端。

首先创建应用清单文件 manifest.json：

```
{
  "short_name": "PWA",
  "name": "第一个 PWA",
  "icons": [
    {
      "src": "icon.png",
      "sizes": "192x192",
      "type": "image/png"
    }
  ],
```

```
  "start_url": "/",
  "display": "standalone",
  "theme_color": "#000",
  "background_color": "#fff"
}
```

这里主要对站点的外观、入口、图标进行简单的配置。然后，把 manifest.json 的配置加入首页，修改 index.html：

```
<head>
  <meta charset="UTF-8" />
  <meta name="viewport" content="width=device-width, initial-scale=1.0" />
  <title>第一个 PWA</title>
  <link rel="manifest" href="manifest.json" />
</head>
```

打开首页，在 PC 端的 Chrome 上可以看到导航栏上多了一个加号，单击一下，出现安装应用的提示，如图 1-26 所示。

图 1-26　将 PWA 安装到桌面

单击“安装”按钮后，站点的图标会被添加到主屏幕，点击打开后，在任务栏里会有单独的图标，且 UI 界面也进行了类原生的定制，去除了搜索栏、Tab 栏等，对主题色也进行了定制。

在安卓移动端的 Chrome 上打开，有更接近原生应用程序的体验及交互，如图 1-27 所示。

图 1-27　将移动端 PWA 安装到桌面效果

1.8　本章小结

本章对 PWA 的基本信息进行了讲解，并带领大家创建了第一个 PWA 应用，体验 PWA 的部分常用功能。第一个 PWA 应用中含有大量的新语法及 PWA 相关 API 的操作，后面的章节中会详细说明。

下一章我们开始讲解 PWA 的预备知识。

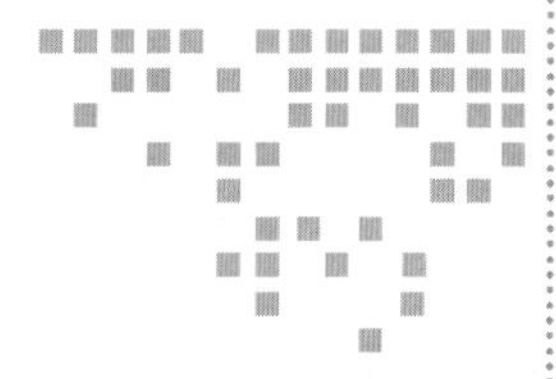

第 2 章 Chapter 2

预备知识

在介绍 PWA 之前，需要对一些前置知识进行了解，方便后面的使用。

本章将介绍现代浏览器中的 JavaScript Module、异步化处理的 Promise 及更友好的 Async/Await，还有后台服务的前身 Web Worker。

2.1 JavaScript Module

在第 1 章中，我们用到了 type="module"，例如：

```
<script type="module">
// ...
</script>
```

下面我们介绍一下 JavaScript Module 的相关知识。

2.1.1 JavaScript 模块化历史

随着 JavaScript 的能力和复杂度越来越高，当项目变大时，代码也变得难以维护。人们直接面临着一系列问题，包括：

- 命名空间冲突：每一个脚本都暴露在全局作用域下，很可能造成命名冲突，例如 JQuery 和 Zepto 都使用 window.$。
- 依赖关系不清晰：对于脚本的依赖、版本和加载顺序无法合理地管理。

在这种环境下，开发人员迫切希望 JavaScript 可以实现模块化的功能来管理代码。JavaScript 的模块化发展过程为从无模块化到 Common.js 规范，再到 AMD 规范、CMD 规范、UMD 规范。

Common.js 规范是 Node.js 的模块化规范，核心是通过 require 方法加载模块，通过 module.exports 来导出模块。浏览器无法直接使用，需要依赖于打包工具进行支持，如 webpack。

AMD 规范与 Common.js 规范的主要区别是异步加载模块。CMD 规范和 AMD 规范类似，主要区别是依赖后置，模块加载完再执行。UMD 规范则是 AMD 规范和 Common.js 规范的结合。这三种规范在导入相应规范库的前提下，可以直接在浏览器执行。

以上模块规范各有优缺点，最终整合为浏览器原生支持的 ES6 Module 规范，也就是本章将要介绍的 JavaScript Module。

2.1.2 什么是 JavaScript Module

JavaScript Module 也称为 ES Module 或 ECMAScript Module。模块化的主要共同点是允许导入和导出模块。之前的几种模块化方案都是社区实现的，并不是 JavaScript 的标准规范，而 JavaScript Module 模块化方案是一个真正的规范，是可以直接运行在浏览器中的。

JavaScript Module 主要使用到了 export 和 import 命令。

在模块内，可以使用 export 关键字导出 const、函数或任何其他变量绑定或声明，如 utils.mjs：

```
export const sayLen = str => `字符串长度为${str.length}`;
export function insertSpace(str) {
  return str.split("").join(" ");
}
```

要使用模块，可以用 import 关键字将要使用的模块导入。例如，我们在 index.mjs 中使用 utils.mjs 模块中的 sayLen 和 insertSpace 方法：

```
import { sayLen, insertSpace } from "./utils.mjs";

console.log(sayLen("你好")); // 字符串长度为2
console.log(insertSpace("hello")); // h e l l o
```

1. export 关键字

模块以文件来承载，模块内的所有变量外部是无法访问的，需要使用 export 关键字进行输出才可以供外部访问。有以下几种导出方式。

单个变量或函数导出：

```
// utils.mjs
export const a = 1;
export const b = 2;
export function say() {
  console.log("say!");
}
```

以组对象的方式导出：

```
//utils.mjs
const a = 1;
const b = 2;
function say() {
  console.log("say!");
}

export { a, b, say };
```

使用 as 对导出的变量重命名：

```
//utils.mjs
const a = 1;
const b = 2;
function say() {
  console.log("say!");
}

export { a as varA, b as VarB, say as FnSay };
```

可以使用 default 默认导出：

```
//utils.mjs
export default function say() {
  console.log("say!");
}
```

2. import 关键字

当需要使用模块文件时，要通过 import 关键字进行导入操作，来访问模块文件 export 的值。有以下几种导入方式。

按变量名导入：

```
// index.mjs
import { a, b, say } from "./utils.mjs";

say(); // 直接调用
```

导入重命名：

```
import { a, b, say as FnSay } from "./utils.mjs";

FnSay();
```

可以使用 * 进行全量导入：

```
// index.mjs
import * as utils from "./utils.mjs";

utils.say();
utils.a;
utils.b;
```

导入 export default 类型，可以随意命名：

```
//utils.mjs
export default function say() {
  console.log("say!");
}

// index.mjs
import s from "./utils.mjs";
s();
```

同时导入 default 和其他接口：

```
//utils.mjs
const a = 1;
const b = 2;
export default function say() {
  console.log("say!");
}
export { a, b };

// index.mjs
import say, { a, b } from "./utils.mjs";
import say, * as utils from "./utils.mjs";
```

JavaScript Module 中对于 import from 的路径有严格要求，必须是完整的 URL 或者是以"/""./""../"开头的，例如：

```
// 不支持
import {each} from 'lodash';
import utils from 'utils.mjs';
import utils from 'modules/utils.mjs';

// 支持
import {each} from './lodash.mjs';
import utils from '../utils.mjs';
import utils from '/modules/utils.mjs';
import utils from 'https://test.test/modules/utils.mjs';
```

因为 import 是静态执行，所以不能使用变量和表达式：

```
// index.mjs
import { 'sa' + 'y' } from "./utils.mjs"; // 执行错误
```

3. 动态 import 方法

静态导入的 import 需要先下载并执行整个 Module 文件才能运行主代码。但有时我们只想按需加载，在用到模块的地方再进行下载，这里就可以使用动态 import 方法来实现，示例代码如下：

```
import("./utils.mjs").then(module => {
  module.say();
});
```

2.1.3　浏览器中使用 JavaScript Module

要在浏览器中使用 JavaScript Module，可以将 script 的 type 属性设置为 module，例如：

```
<script type="module" src="index.mjs"></script>
<script nomodule src="index-compatible.js"></script>
```

上面的代码中，module 主要用来让支持 Module 的浏览器使用 index.mjs、nomodule，让不支持 Module 的浏览器使用兼容的 index-compatible.js，同时忽略 type="module"。

这种区分能力还是很不错的。考虑一下，如果浏览器支持 Module 代码，那么它会支持 Module 之前的所有功能，如 ES6/ES7 等。

1. 加载时机

浏览器对 <script> 标签不同属性的加载及运行时机有所不同，如图 2-1 所示。

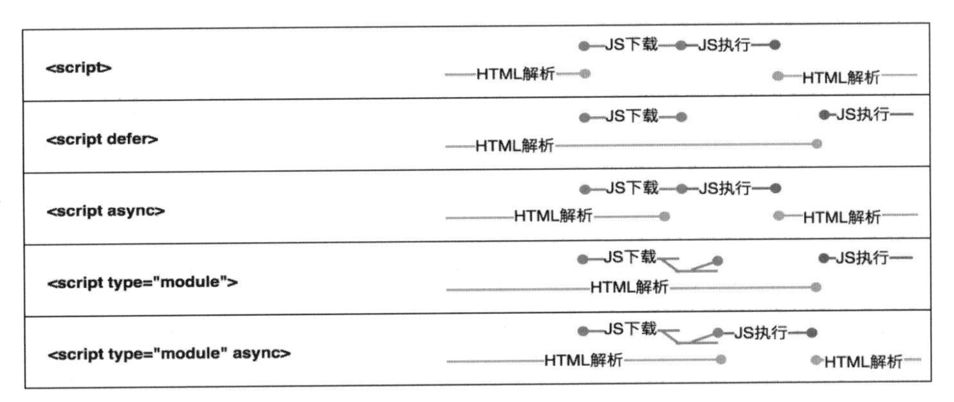

图 2-1　script 加载时机

可以看到，默认情况下，<script> 的下载和执行会阻止 HTML 解析，而默认情况下 type="module" 的脚本系统会按照 defer 的模式执行，下载时与 HTML 解析器并行进行，然后它们会按照顺序延迟执行。JavaScript Module 中依赖的模块也遵循这种策略。

我们不建议在 type="module" 中加入 async，因为 async 对于脚本采用的是下载完成后立即执行的方式，可能导致不按照模块的顺序执行，出现问题，所以在写 nomodule 的时候建议也加入 defer 属性，例如：

```
<script nomodule defer src="index-compatible.js"></script>
```

2. 扩展名

对于 JavaScript Module 的脚本，浏览器要求服务器的相应类型必须是 JavaScript MIME type text/javascript，扩展名并不重要。上面我们用 .mjs 作为 JavaScript Module 的扩展名主要有两个原因：

- .mjs 可以让开发者知道这个文件是 JavaScript Module，很容易进行区分。
- .mjs 的扩展名可以让 Node.js 或者 Babel 等默认按照 Module 进行解析，作为 Module 的交叉兼容方式。

3. 执行次数

JavaScript Module 的执行次数与传统的 JavaScript 也是不同的。

相同的 JavaScript Module 加载完成后只会执行一次，而传统的 JavaScript 加载几次就执行几次，例如：

```
<!--a.js 执行多次 -->
<script src="a.js"></script>
<script src="a.js"></script>

<!--b.mjs 只执行一次 -->
<script type="module" src="b.mjs"></script>
<script type="module" src="b.mjs"></script>
<script type="module">
  import "./b.mjs";
</script>
```

4. 跨域

如果 JavaScript Module 文件存在跨域，需要相应的服务器提供必需的 CORS Header 来进行支持，如 Access-Control-Allow-Origin: *。

2.1.4　为什么要用 JavaScript Module

JavaScript Module 有如下优势：

- 提供了一种更好的方式来组织变量和函数。
- 可以把代码分割成更小的、可以独立运行的代码块。
- 支持更多的现代浏览器语法，书写起来更方便。
- 支持 PWA Service Worker 的所有主流浏览器，也支持 JavaScript Module，所以不需要做任何适配旧浏览器的代码转化，直接将代码提供给各个浏览器即可。也就是忽略了不支持的旧浏览器。

2.2　Promise

在 PWA 中的大部分 API 都是异步的，返回 Promise 类型的结果，下面详细介绍一下 Promise。

2.2.1　背景

在 JavaScript 当中，处理异步操作时，我们需要知道操作是否已经完成，当执行完成的时候会返回一个回调函数，表示操作已经完成。所以在处理异步操作时，通常是使用回调嵌套的方式（CallBack）。但是如果出现多层回调嵌套，也就是我们常说的回调金字塔（Pyramid of Doom），则将是一种糟糕的编程体验。像这样：

```
funA1(args, args => {
  funA2(argss, args => {
    funA3(args, args => {
      funA4(args, args => {
        //...
      });
    });
  });
});
```

回调方式主要会导致两个关键问题：

- 嵌套太深导致代码可读性太差。
- 行逻辑必须串行执行。

对于这种情况，有了新的解决方案。

2.2.2 概念

Promise 是异步编程的一种解决方案，比传统的解决方案更方便、强大，最早由社区提出并实现，2015 年 6 月，Promise 加入了 ECMAScript 6 的标准。

Promise 对象用于表示一个异步操作的结果，最终结果可能是“完成”“失败”或者其结果的值。Promise 将嵌套的回调改造成一系列使用 .then 的链式调用，去除了层层嵌套的劣式代码风格。Promise 不是一种解决具体问题的算法，而是一种更好的代码组织模式。

上面的代码用 Promise 的方式可以写成这样：

```
funA1(args)
  .then(args => funA2(args))
  .then(args => funA3(args))
  .then(args => funA4(args))
  .then(args => {
    //xxx
  });
```

Promise 对象的特点如下：

- 对象的状态不受外界影响。Promise 对象代表一个异步操作，有三种状态：Pending（进行中）、Resolved（已完成，又称 Fulfilled）、Rejected（已失败）。根据异步操作的结果，可以决定当前是哪一种状态，任何其他操作都无法改变这个状态。这也是 Promise 这个名字的由来，表示无法通过其他手段改变对象的状态。
- 一旦状态改变，就不会再变，任何时候都可以得到这个结果。Promise 对象的状态改变，只有两种可能：从 Pending 变为 Resolved ；从 Pending 变为 Rejected。只要这两种情况发生，状态就凝固了，不会再变了，会一直保持这个结果。就算改变已经发生了，再对 Promise 对象添加回调函数，也会立即得到这个结果，如图 2-2 所示。

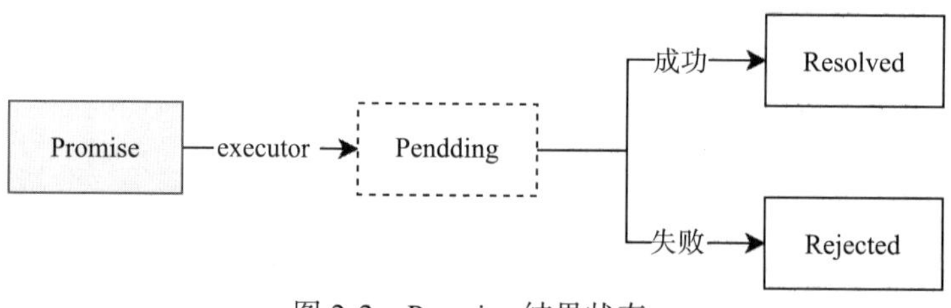

图 2-2 Promise 结果状态

2.2.3 构造函数

Promise 构造函数如下：

```
new Promise((resolve, reject) => {
  // executor
});
```

参数 executor 是一个带有 resolve 和 reject 两个参数的函数。executor 函数在 Promise 构造函数执行时同步执行，被传递到 resolve 和 reject 函数（executor 函数在 Promise 构造函数返回新建对象前被调用）。resolve 和 reject 函数被调用时，分别将 Promise 的状态改为 fulfilled（完成）或 rejected（失败）。executor 内部通常会执行一些异步操作，一旦完成，则可以调用 resolve 函数来将 Promise 状态改成 fulfilled，或者在发生错误时将它的状态改为 rejected。如果在 executor 函数中抛出一个错误，那么该 Promise 状态为 rejected。executor 函数的返回值被忽略。

示例：

```
new Promise((resolve, reject) => {
  // ...

  if (done) {
    resolve(value);
  } else {
    reject(error);
  }
});
```

2.2.4　实例方法

Promise 接口包含如下实例方法。

1. then

格式：

```
promiseObj.then(onResolved, onRejected?)
```

参数：

- onResolved：函数类型。用于处理当前 Promise 对象 Resolved 状态的回调，参数为 Resolved 的值。
- onRejected：函数类型，可选。用于处理当前 Promise 对象 Rejected 状态的回调，参数为 Rejected 的值。

示例：

```
// 处理 Resolved 回调
new Promise(resolve => {
```

```
  resolve("resolve value");
}).then(value => {
  console.log("onResolved", value);
});

// 处理 onRejected 回调
new Promise((resolve, reject) => {
  reject("reject value");
}).then(
  value => {},
  value => {
    console.log("onRejected", value);
  }
);
```

2. catch

格式：

```
promiseObj.catch(onRejected)
```

该方法用于添加当前 Promise 对象 Rejected 的状态回调，并返回 Promise 对象的方法。它的行为与调用 promiseObj.then(undefined, onRejected) 相同。

示例：

```
new Promise((resolve, reject) => {
  reject("reject value");
}).catch(value => {
  console.log("onRejected", value);
});
```

3. finally

格式：

```
promiseObj.finally(onFinally)
```

该方法用于添加当前 Promise 对象的状态回调，无论结果是 Resolved 还是 Rejected，都会执行这个回调函数，其返回值为 Promise。

由于无法知道 Promise 对象的最终状态，所以 finally 的回调函数中不接受任何参数，它仅用于无论最终结果如何都要执行的情况。

示例：

```
new Promise((resolve, reject) => {
  resolve("resolve value");
  // reject("reject value");
}).finally(() => {
  console.log("finally");
});
```

4. 关系图

下面用一段代码来描述 Promise 方法之间的关系，代码如下：

```
taskA()
  .then(
    () => taskB(),
    () => taskC()
  )
  .then(() => taskD())
  .catch(() => taskE())
  .finally(() => taskF());
```

上述实例方法的关系图如图 2-3 所示。

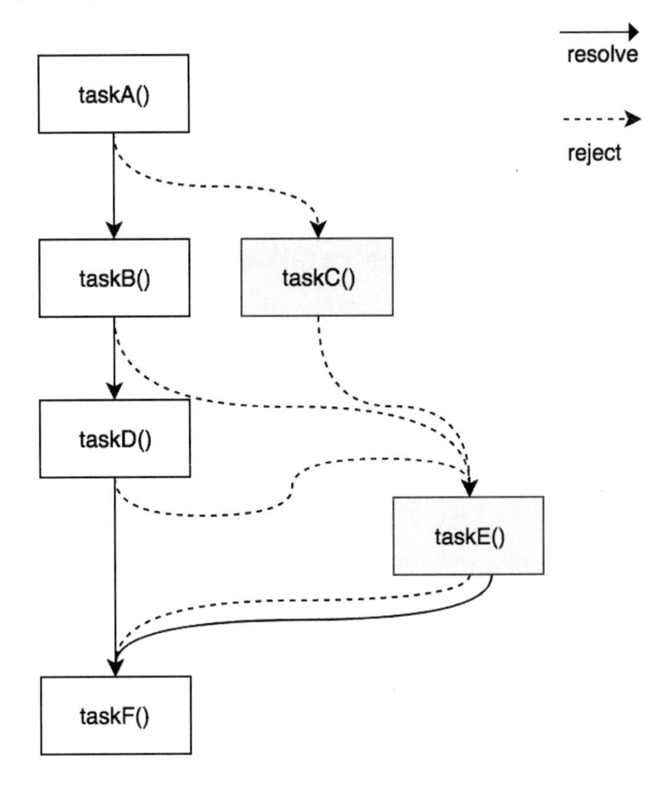

图 2-3　实例方法的关系图

2.2.5　静态方法

Promise 接口包含如下静态方法：resolve、reject、all、race，下面分别介绍。

1. resolve

格式：

```
Promise.resolve(value);
Promise.resolve(promise);
Promise.resolve(thenable);
```

该方法返回一个状态由给定 value 决定的 Promise 对象。如果该值是一个 Promise 对象，则直接返回该对象；如果该值是 thenable（即带有 then 方法的对象），返回的 Promise 对象的最终状态由 then 方法执行决定；否则（即该 value 为空、基本类型或者不带 then 方法的对象），返回的 Promise 对象状态为 Resolved，并且将该 value 传递给对应的 then 方法。

有时需要将现有对象转换为 Promise 对象，Promise.resolve 方法就起到这个作用：

```
Promise.resolve("data");
// 等同于
new Promise(resolve => resolve("data"));
```

示例：

```
// value
Promise.resolve("value").then(value => {
  console.log(value);
});

// promise
const originPromise = Promise.resolve("originPromise");
Promise.resolve(originPromise).then(value => {
  console.log(value);
});

// thenable
Promise.resolve({
  then: function(onResolved, onReject) {
    onReject("onReject!");
  }
}).catch(value => {
  console.log(value);
});
```

2. reject

格式：

```
Promise.reject(reason);
```

该方法返回一个状态为 Rejected 的 Promise 对象，并将给定的失败信息传递给对应的处理回调方法。

参数 reason 可为任意类型，是可选参数，例如：

```
Promise.resolve("data");
// 等价于
new Promise((resolve, reject) => reject("data"));
```

示例：

```
Promise.reject("data").catch(value => {
  console.log(value);
});
```

3. all

格式：

```
Promise.all(iterable);
```

这个方法返回一个新的 Promise 对象，该 Promise 对象在 iterable 参数对象里所有的 Promise 对象都触发成功时才会触发成功，一旦有任何一个 iterable 里面的 Promise 对象失败，则触发该 Promise 对象也立即失败。这个新的 Promise 对象在触发成功状态以后，会把一个包含 iterable 里所有 Promise 返回值的数组作为成功回调的返回值，顺序跟 iterable 的顺序保持一致；如果这个新的 Promise 对象触发了失败状态，则会把 iterable 里第一个触发失败的 Promise 对象的错误信息作为它的失败错误信息。

Promise.all 方法常被用于处理多个 Promise 对象的状态集合。

参数为 iterable，表示数组。

返回值：

- 如果参数中的数组所有项目全是 resolved 状态的 Promise 对象，则返回的 Promise 对象状态为 resolved，内容为所有 resolve 的值的数组。
- 如果参数中的数组是空数组，则返回的 Promise 对象状态为 resolved，内容为空数组。
- 如果参数中的数组既有 resolved 状态的 Promise 对象，又有其他类型的值，则内容为所有 resolve 的值和其他类型值的数组。
- 如果参数中数组内的 Promise 对象返回 Rejected 状态，则立刻返回 Rejected 状态的 Promise，值为数组内第一个 Rejected 状态的 Promise 值。

示例：

```
Promise.all([Promise.resolve(1), Promise.resolve(2)]).then(value =>
  console.log(value) // [1, 2]
);
```

```
Promise.all([Promise.resolve(1), 3]).then(value =>
  console.log(value) // [1, 3]
);

Promise.all([Promise.resolve(1), Promise.reject(4)]).catch(value =>
  console.log(value) // 4
);

Promise.all([]).then(value =>
  console.log(value) // []
);
```

4. race

格式:

```
Promise.race(iterable);
```

该方法返回一个 Promise 对象，一旦 iterable 数组中的某个 Promise 的状态变为 Resolved 或者 Rejected 时，race 返回的 Promise 就会为 Resolved 或者 Rejected。

Promise.race() 的用法和 Promise.all() 类似。

示例:

```
Promise.race([Promise.resolve(1), Promise.reject(2)]).then(value => {
  console.log(value); // 1
});

Promise.race([Promise.reject(2), Promise.resolve(1)]).catch(value => {
  console.log(value); // 2
});

Promise.race([3, Promise.reject(1), Promise.reject(2)]).then(value => {
  console.log(value); // 3
});

Promise.race([
  new Promise((resolve, reject) => {
    setTimeout(() => {
      reject(1);
    }, 300);
  }),
  new Promise(resolve => {
    setTimeout(() => {
      resolve(2);
    }, 200);
  })
]).then(value => {
  console.log(value); // 2
});
```

2.2.6 实例

下面用几个例子来介绍 Promise 的用法。

1. 图片加载

这里写一个 Promise 化的加载图片的方法，当图片加载完成后返回 Resolved 状态的 Promise，当加载失败时返回 Rejected 状态的 Promise，示例代码如下：

```
function loadImage(url) {
  return new Promise((resolve, reject) => {
    const img = new Image();

    img.onload = () => {
      resolve(img);
    };

    img.onerror = err => {
      reject(new Error(err));
    };

    img.src = url;
  });
}

// 使用
loadImage("imgurl")
  .then(img => {
    document.body.appendChild(img);
  })
  .catch(err => {
    console.error(err);
  });
```

2. Get 请求 Promise 化

这里用 Promise 封装一下 Get 请求，示例代码如下：

```
function httpGet(url) {
  return new Promise((resolve, reject) => {
    const XHR = new XMLHttpRequest();
    XHR.open("GET", url, true);
    XHR.send();

    XHR.onreadystatechange = () => {
      if (XHR.readyState == 4) {
        if (XHR.status == 200) {
          try {
            resolve(XHR.responseText);
```

```
          } catch (e) {
            reject(e);
          }
        } else {
          reject(new Error(XHR.statusText));
        }
      }
    };
  });
}

// 使用
httpGet("url")
  .then(data => {
    console.log(data);
  })
  .catch(err => {
    console.error(err);
  });
```

2.3 async / await

为了逃离回调的深渊，大家开始想各种办法来把回调扁平化。上一节中说到 Promise 通过 then 链来解决多层回调的问题，本节将继续优化，通过 async/await 语法使得异步 Promise 变得更加容易。ES 2017 中对 async/await 进行了引入。

async/await 的目的是简化使用多个 Promise 时的同步行为，并对一组 Promise 执行某些操作。可以利用它们像编写同步代码那样编写基于 Promise 的代码，而且还不会阻塞主线程。

2.3.1 async

直接在函数外加入 async 关键字即可声明为 async 函数，如下所示：

```
async function name([param?, param?, ... param?) { //… }
```

async 函数的返回值为 Promise，所以可以在执行 async 函数后直接使用 .then() 和 .catch() 等。

如果 async 函数中返回的是一个 Promise，则是实际的返回值，如果不是一个 Promise 类型值，则会通过 Promise.resolve() 包装后返回，示例代码如下：

```
async function asyncA() {
  return 1;
```

```
}
asyncA(); // Promise {<resolved>: 1}

async function asyncB() {
  return Promise.resolve(2);
}
asyncB(); // Promise {<resolved>: 2}
```

抛出异常的 async 函数等效于返回 Promise.reject()：

```
async function asyncC() {
  return Promise.reject(3);
}
asyncC(); // Promise {<rejected>: 3}

async function asyncD() {
  throw 3;
}
asyncD(); // Promise {<rejected>: 3}
```

其他形式

上面我们看到语法 async function() {}，但 async 关键字还可用于其他函数语法，如下所示。

- 箭头函数：

```
const asyncE = async () => {
  return 1;
};

asyncE(); // Promise {<resolved>: 1}
```

- 对象方法：

```
const asyncObj = {
  async asyncF() {
    return 1;
  }
};

asyncObj.asyncF(); // Promise {<resolved>: 1}
```

- 类方法：

```
class AsyncClass {
  async asyncG() {
    return 1;
  }
}
```

```
const asyncClass = new AsyncClass();
asyncClass.asyncG(); // Promise {<resolved>: 1}
```

2.3.2 await

await 关键字的用法如下：

```
[return_value] = await expression;
```

参数为 expression：一个 Promise 对象或者任何要等待的值。

返回值：返回 Promise 对象的处理结果。

await 必须放在 async 函数里面才能使用：

```
async () => {
  await expression;
}
```

如果 await 的返回值不是 Promise，则返回该值本身：

```
const p = async () => {
  return 1;
};

const asyncA = async () => {
  return await 1;
};

const asyncB = async () => {
  return await p();
};

asyncA(); // Promise {<resolved>: 1}
asyncB(); // Promise {<resolved>: 1}
```

若 Promise 处理异常（rejected），则 await 表达式会把 Promise 的异常原因抛出：

```
const p = async () => {
  return Promise.reject(1);
};

const asyncA = async () => {
  try {
    await p();
  } catch (error) {
    console.log(error);
  }
};

asyncA(); // 1

// Promise 处理方式
```

```
p().catch(error => {
  console.log(error); // 1
});
```

2.3.3 async / await 的优势

在下面这个例子中，我们写了几个返回 Promise 结果的函数，用来模拟步骤。原函数如下：

```
const takeLongTime = n => {
  return new Promise(resolve => {
    setTimeout(() => resolve(n + 200), n);
  });
};

const step1 = n => {
  console.log("step1", n);
  return takeLongTime(n);
};

const step2 = n => {
  console.log("step2", n);
  return takeLongTime(n);
};

const step3 = n => {
  console.log("step3", n);
  return takeLongTime(n);
};
```

然后使用 Promise 的方法去执行，代码如下：

```
step1(100)
  .then(t => step2(t))
  .then(t => step3(t))
  .then(value => {
    console.log(value);
  });

// step1 100
// step1 300
// step1 500
// 700
```

同样的操作，使用 async/await 的方法去执行，代码如下：

```
(async () => {
  let t = await step1(100);
  t = await step2(t);
```

```
  t = await step3(t);
  console.log(t);
})();

// step1 100
// step1 300
// step1 500
// 700
```

2.4 Web Worker

第 1 章介绍 PWA 程序时提到 Service Worker，在介绍 Service Worker 前有必要了解一下 Web Worker，因为 Service Worker 本身就是 Web Worker 的延伸，大部分功能也是基于 Web Worker 扩展的。

2.4.1 背景

众所周知，JavaScript 引擎是以单线程调度的方式运行，我们无法同时运行多个 JavaScript 文件，这种情况就会导致对硬件资源无法充分利用，并且当在进行一些对性能消耗较高的操作时，会影响主线程的其他任务，造成任务阻塞及用户体验差等问题。

在这种情况下，从 W3C 于 2008 年提出第一个 HTML5 草案开始，就在 HTML5 中提出了 Web Worker 的概念，并规范了 Web Worker 的三大特征：

- 能够长时间运行。
- 启动性能理想。
- 内存消耗理想。

2.4.2 简介

Web Worker 是 HTML5 标准的一部分，这一规范定义了一套 API，实现了用 Web Worker 来实现 JavaScript 的“多线程”技术，可并发执行多个 JavaScript 脚本。

1. Web Worker 与传统多线程

每个 JavaScript 脚本执行流都称为一个线程，彼此之间相互独立，并且由浏览器中的 JavaScript 引擎负责管理，当然这并不是说 JavaScript 支持多线程，虽然传统的 JavaScript 中有多种方式实现了对多线程的模拟（例如 setInterval、setTimeout 以及一些异步的操作方法等），但是在本质上程序的进行仍然是由 JavaScript 引擎以单线程调度的方式进行的，而 Web Worker 的线程是依赖于浏览器（宿主环境）来实现的，从而实现了对浏览器端多线程编程的支持。

2. Web Worker 线程种类

Web Worker 有两种不同线程类型，分别是：

- Dedicated Worker（专用线程）。只能被首次生成它的脚本使用。
- Shared Worker（共享线程）。可以同时被多个脚本使用。

通常来说，Web Worker 指的就是 Dedicated Worker，各大浏览器对其支持良好，而 Shared Worker 指的是 SharedWorker，目前各大浏览器对其支持度较差。

这里主要对 Dedicated Worker 进行详细说明，对于 Shared Worker 不再详细介绍。

3. Worker 模式

Worker 线程与主线程的通信模型如图 2-4 所示。

图 2-4　Worker 通信模式

4. Worker 线程执行流

Worker 线程的创建、执行、销毁和通信在浏览器内核层的关系如图 2-5 所示。

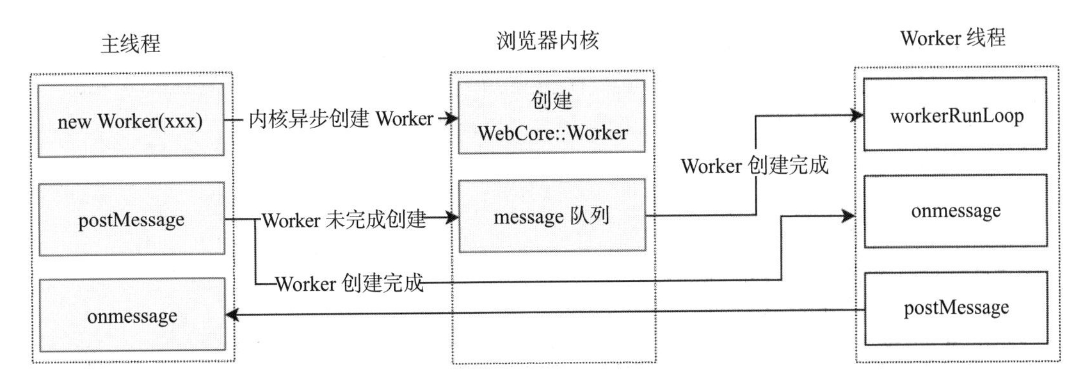

图 2-5　Worker 线程执行流

2.4.3 主线程 API

下面是在主线程下（window 环境）用于对 Worker 进行操作的 API 。

1. 构造函数

格式：

```
const myWorker = new Worker(aURL, options?);
```

参数：

- aURL 表示 Worker 将执行的脚本的 URL。它必须遵守同源策略。
- options 包含可在创建对象实例时设置的选项属性的对象。可用属性如下：
  - type：指定要创建的 Worker 程序的类型。该值可以是 classic 或 module。如果未指定，则使用默认值 classic。
  - credentials：指定要用于 Worker 程序的 credentials 的类型。该值可以为 omit、same-origin、include。如果未指定或 type 为 classic，则使用默认值 omit。
  - name：为 DedicatedWorkerGlobalScope 指定一个标识名称，该名称代表 Worker 的作用域，主要用于调试。

注意：

- 如果页面不允许启动 Worker，则会引发 SecurityError。
- 如果脚本的 MIME 类型为 text/csv、image/*、video/*、audio/*，则会引发 NetworkError。它应该始终是 text/javascript。
- 如果 aURL 无法解析，则会引发 SyntaxError。

2. 实例方法

主线程中 Worker 的实例方法如下。

- terminate：该方法用于立即终止 Worker 的行为。它并不会等待 Worker 去完成剩余的操作，Worker 将会被立刻停止。

格式：

```
myWorke.terminate();
```

示例：

```
// 创建一个 Worker 后，立即停止
const myWorker = new Worker('worker.js');
myWorker.terminate();
```

- postMessage：该方法为主线程向生成的 Worker 线程发送数据的方法。

格式：

```
myWorker.postMessage(aMessage, transferList?);
```

参数：

- aMessage：向 Worker 线程发送的消息数据对象。消息数据对象会传递到 DedicatedWorkerGlobalScope.onmessage 处理事件对象的 data 数据字段中。它可以是结构化克隆算法处理的任何值或 JavaScript 对象，其中包括循环引用。
- transferList：可选，Transferable 对象的数组，用于传递所有权。如果一个对象的所有权被转移，在发送它的上下文中将变为不可用（中止），并且只有在它被发送到的 Worker 中后才可用，可转移如 ArrayBuffer、MessagePort 或 ImageBitmap 的实例对象。transferList 数组中不可传入 null。

3. 实例事件

主线程中 Worker 的实例事件如下。

- onerror：onerror 属性是 EventListener 的一个事件监听函数，一旦有类型为 error 的 ErrorEvent 从 Worker 线程中冒泡时就会执行该函数。

  格式：

  ```
  myWorker.onerror = err => { ... };
  ```

主要用到的错误属性有：

- message：可读的错误信息。
- filename：发生错误的脚本文件名称。
- lineno：发生错误的脚本所在文件的行数。
- onmessage：当 Worker 子线程返回一条消息时被调用。例如，一个消息通过 DedicatedWorkerGlobalScope.postMessage 从执行者发送到父页面对象，消息保存在事件对象的 data 属性中。

  格式：

  ```
  myWorker.onmessage = e => {
      // e.data 获取
      // ...
  }
  ```

2.4.4 Worker 线程 API

此处的 Worker 线程 API 指的是 DedicatedWorkerGlobalScope 环境下的 Worker API。

1. 属性

- self：Worker 线程环境中，对 DedicatedWorkerGlobalScope 的引用，类似于 window。
- name：Worker 的名字，实例化时，由 options 中 name 字段指定的值。

2. 方法

DedicatedWorkerGlobalScope 环境下的 Worker 方法如下。

- importScripts：该方法将一个或多个脚本同步导入工作者的作用域中。

  例如：

```
self.importScripts('foo.js'); // 导入一个
self.importScripts('foo.js', 'bar.js', ...); // 导入多个。用 "," 隔开
```

  但进行这个操作时需要注意：

  - 如果没有给 importScripts 方法任何参数，那么立即返回，终止下面的步骤。
  - 解析 importScripts 方法的每一个参数。
  - 如果有任何失败或者错误，则抛出 SYNTAX_ERR 异常。
  - 尝试从用户提供的 URL 资源位置处获取脚本资源。
  - 对于 importScripts 方法的每一个参数，按照用户的提供顺序，获取脚本资源后继续进行其他操作。

- postMessage：此处 postMessage 和实例方法中的 postMesage 用法一样。

  格式：

```
self.postMessage(aMessage, transferList?);
```

这是由 Worker 线程向主线程发送数据的方法。

- close：这和主线程实例方法中的 terminate() 有点类似。这个方法主要用来清除所有在 WorkerGlobalScope 事件环中的排队任务，关闭特定作用域。

  格式：

```
self.close();
```

3. 事件

DedicatedWorkerGlobalScope 环境下的 Worker 事件如下。

- onmessage：onmessage 是 Worker 线程中的 message 事件，当主线程向 Worker 线程发送消息时被触发，与主线程 onmessage 事件类似。

  格式：

```
self.onmessage = e => { ... };
```

- onmessageerror：当 Worker 线程接收到 messageerror 事件的时候 onmessageerror 被触发，即收到无法反序列化的消息时就会调用。

  格式：

```
self.onmessageerror = e => { ... };
```

2.4.5　实例

下面使用几个例子来介绍 Worker 的用法。

1. 消息通信

这里我们实现一下主线程和 Worker 线程的消息通信。

- index.html 文件：

```
<!DOCTYPE html>
<html>
  <head>
    <meta charset="UTF-8" />
  </head>
  <body>
    <button id="send">发送消息</button>
    <script>
      const worker = new Worker("worker.js");
      document.getElementById("send").onclick = () => {
        worker.postMessage({
          type: "send"
        });
      };

      worker.onmessage = e => {
        console.log("收到 worker 信息", e.data);
      };
    </script>
  </body>
</html>
```

- worker.js 文件：

```
self.onmessage = e => {
  console.log("收到 index.html 信息", e.data);
```

```
    if (e.data.type == "send") {
      self.postMessage("received");
    }
  };
```

当单击“发送消息”按钮后，打开 console 面板，可以看到主线程和 Worker 线程完成了通信，如下所示：

```
收到 index.html 信息 {type: "send"}
收到 worker 信息 received
```

2. 同页面的 Web Worker

当然，Web Worker 可以不创建 worker.js 文件。上面的实例也可以通过一个文件来完成。

- index.html：

```
<!DOCTYPE html>
<html>
  <head>
    <meta charset="UTF-8" />
  </head>
  <body>
    <button id="send">发送消息</button>
    <script id="webworker" type="app/webworker">
      self.onmessage = e => {
        console.log("收到 index.html 信息", e.data);
        if (e.data.type == "send") {
          self.postMessage("received");
        }
      };
    </script>
    <script>
      const blob = new Blob([document.getElementById("webworker").textContent]);
      const url = window.URL.createObjectURL(blob);
      const worker = new Worker(url);
      document.getElementById("send").onclick = () => {
        worker.postMessage({
          type: "send"
        });
      };

      worker.onmessage = e => {
        console.log("收到 worker 信息", e.data);
      };
    </script>
  </body>
</html>
```

可以看到有相同的效果。

代码中的 type="app/webworker" 可以设置为浏览器不能执行的类型，只用来存放 Worker 代码。

2.5　本章小结

本章介绍了 JavaScript Module 的优势以及将 PWA 脚本写在 JavaScript Module 中的好处，还对于异步化的处理做了详细的说明。关于后台服务的前身 Web Worker 的原理和使用进行了学习。

下一章将开始学习 PWA 的核心桥梁 Service Worker。

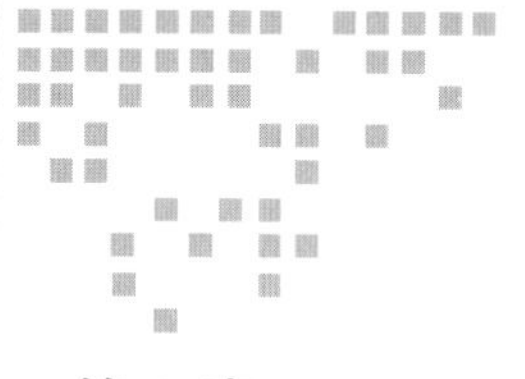

Chapter 3

第3章

PWA的核心桥梁：Service Worker

Service Worker是PWA的核心，本章专门介绍Service Worker，包括Service Worker的基本概念，Service Worker的组成及Service Worker的生命周期。

3.1 Service Worker的结构

Service Worker是PWA中最重要的一块，也是连接各个PWA内API的核心桥梁，要想使用PWA，需要对Service Worker有一个较深入的理解。

Service指的是服务，Worker指的是后台线程，也就是指运行在浏览器后台的一个线程服务，属于Web Worker的增强版。图3-1中显示了Service Worker的结构。

1. 特性

Service Worker包含以下特性：

- Service Worker是一个独立的Worker线程，有自己的上下文，独立于当前网页进程。
- Service Worker一旦安装成功，将永远存在，除非手动卸载。
- Service Worker节省性能，使用Service Worker的时候会自动唤醒，不使用的时候会自动进入线程休眠。

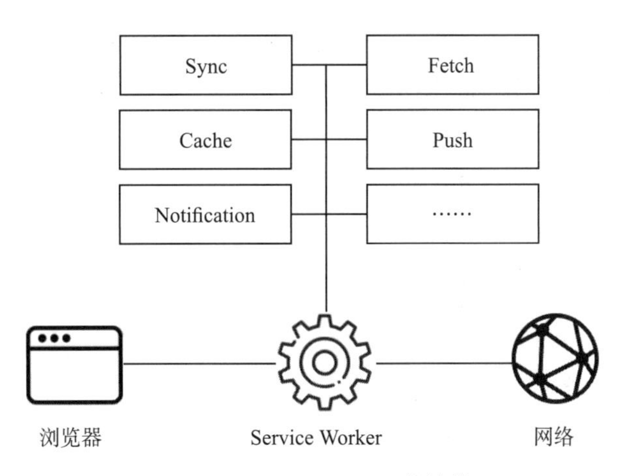

图 3-1　Service Worker 的结构

- Service Worker 必须运行在 https 下或者 localhost（127.0.0.1）下。
- 注册的 Service Worker 文件必须是在当前域名下的。

2. 相关接口

Service Worker 并不只是一个简单的接口，而是涉及 4 种接口类型对象。这里需要介绍一下这 4 种接口类型，以便于理解后面的内容。接口的整体关系如图 3-2 所示。

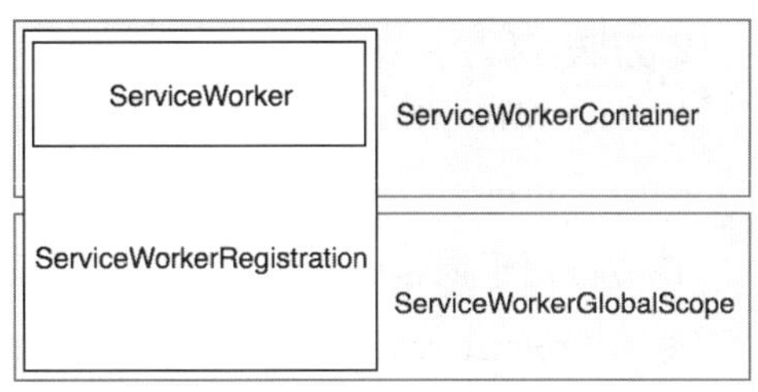

图 3-2　Service Worker 与相关接口的关系

Service Worker 相关的接口有：

- ServiceWorker：对 Service Worker 线程的引用，可用于获取线程信息和向线程发送消息。
- ServiceWorkerRegistration：对 Service Worker 注册实例的引用，可用于注册同步消息，推送消息、通知等。
- ServiceWorkerContaine：window 环境下用于注册、注销 Service Worker 线程的容器。
- ServiceWorkerGlobalScope：Service Worker 线程中的 Context。

通常来说，Service Worker 文件的 Context 指的是 ServiceWorkerGlobalScope 接口。下面对这 4 个接口进行详细说明。

3.1.1　ServiceWorkerContainer 接口

ServiceWorkerContainer 接口在 window 环境下为 Service Worker 提供了一个容器

功能，对 Service Worker 从注册到卸载的整个流程进行控制。通过这个接口也可以访问 ServiceWorkerRegistration 和 ServiceWorker 接口。

获取方法：

```
window.navigator.serviceWorker
```

1. 属性

ServiceWorkerContainer 接口的属性如下：

- controller：当注册的 Service Worker 文件线程为 activated 时，controller 属性返回 ServiceWorker 接口对象（与 ServiceWorkerRegistration.active 返回的一致），否则返回为 null，示例如下：

```
window.navigator.serviceWorker.controller; // ServiceWorker 对象
```

- ready：该属性提供了一个延迟代码执行的方法，返回值为 Promise，直到 Service Worker 线程处于活动状态，它会调用 Promise.resolve(ServiceWorker Registration)，否则它会一直等待。示例如下：

```
window.navigator.serviceWorker.ready
       .then((serviceWorkerRegistration) => { ... });
```

2. 方法

ServiceWorkerContainer 接口的方法如下：

（1）register

该方法用于创建或更新一个给定的 scriptURL 的 ServiceWorkerRegistration。执行成功后返回 Promise.resolve(ServiceWorkerRegistration)。

格式：

```
ServiceWorkerContainer.register(scriptURL, options)
  .then(ServiceWorkerRegistration => {...};
```

参数：

- scriptURL：Service Worker 的文件地址。
- options：
    - scope 表示定义 Service Worker 注册的可控制的 URL 范围。通常是相对 URL 的。默认值是当前的 location。
    - updateViaCache 用于定义注册的 Service Worker 文件是否通过 HTTP 缓存的策略。有以下值：

➢ imports：默认值。注册的 serviceWorker 文件将永远不经过 HTTP 缓存，serviceWorker 文件中 import 的文件将经过 HTTP 缓存。
➢ all：所有 serviceWorker 文件都经过 HTTP 缓存。
➢ none：所有 serviceWorker 文件都不经过 HTTP 缓存。

（2）getRegistration

getRegistration 用于获取在当前 URL 范围中匹配的 ServiceWorkerRegistration 对象。该方法返回一个 Promise，结果为 ServiceWorkerRegistration 或 undefined，多用于注销操作。

格式：

```
ServiceWorkerContainer.getRegistration(scope)
        .then(ServiceWorkerRegistration => { ... });
```

（3）getRegistrations

与 getRegistration 类似，getRegistrations 返回一个 Promise，结果为 ServiceWorkerRegistrations 对象数组。

格式：

```
ServiceWorkerContainer.getRegistrations()
        .then(ServiceWorkerRegistrations => { ... });
```

3. 事件

❑ onmessage：用于接收 ServiceWorker 的 message 事件，通常使用 MessagePort.postMessage 发送消息。用于 ServiceWorkerContainer 和 ServiceWorkerGlobalScope 的通信。
❑ oncontrollerchange：受控状态发生变化时触发的事件。

4. 实例

（1）注册 Service Worker 线程

创建 Service Worker 文件 sw.js：

```
console.log("===> 这里 sw.js");
```

创建 index.html 文件，对 sw.js 文件进行注册：

```
<!DOCTYPE html>
<html>
  <head>
    <meta charset="UTF-8" />
  </head>
  <body>
```

```
      <script type="module">
        "serviceWorker" in navigator &&
          navigator.serviceWorker
            .register("sw.js", {
              scope: "./",
              updateViaCache: "none"
            })
            .then(swReg => {
              console.log("===> sw.js 注册成功" + swReg);
            });
      </script>
    </body>
  </html>
```

打开命令行工具，切换到当前文件目录，执行命令 http-server 启动静态服务器，在 Chrome 浏览器中打开页面 http://127.0.0.1:8080，可以在控制台中看到注册成功了，如图 3-3 所示。

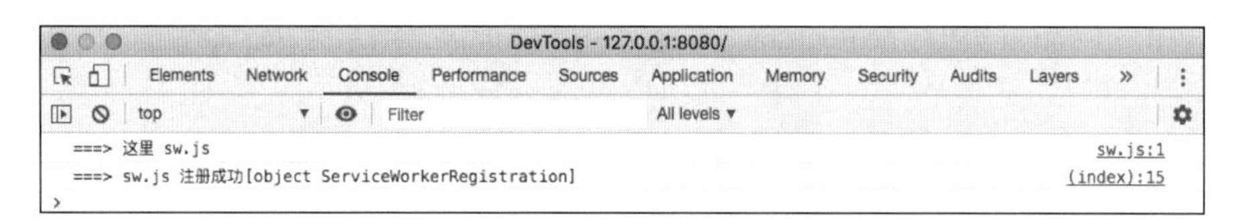

图 3-3　实例在 Console 面板打印的信息

在 Chrome 中打开 chrome://serviceworker-internals/ 也可以看到我们成功注册的 Service Worker 线程信息，如图 3-4 所示。

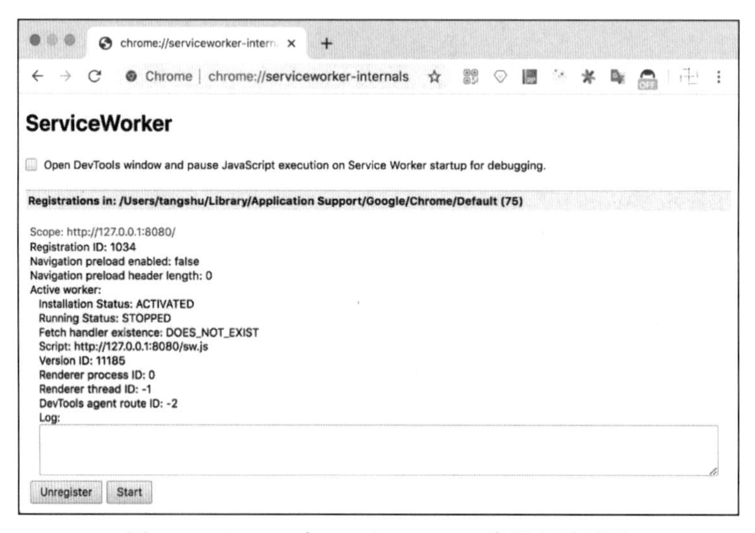

图 3-4　Chrome 中 Service Worker 线程查看页面

（2）注销 Service Worker 线程

修改 index.html，添加注销按钮：

```
<!DOCTYPE html>
<html>
  <head>
    <meta charset="UTF-8" />
  </head>
  <body>
    <button id="unReg">注销</button>
    <script type="module">
      if ("serviceWorker" in navigator) {
        navigator.serviceWorker
          .register("sw.js", {
            scope: "./",
            updateViaCache: "none"
          })
          .then(swReg => {
            console.log("===> sw.js 注册成功", swReg);
          });

        document.getElementById("unReg").onclick = () => {
          navigator.serviceWorker
            .getRegistration()
            .then(swReg => {
              if (!swReg) {
                return Promise.resolve(true);
              }
              return swReg.unregister();
            })
            .then(result => {
              if (result) {
                console.log("卸载成功");
              }
            });
        };
      }
    </script>
  </body>
</html>
```

单击“注销”按钮，可以看到控制台已经成功注销并删除 Service Worker 线程，如图 3-5 所示。

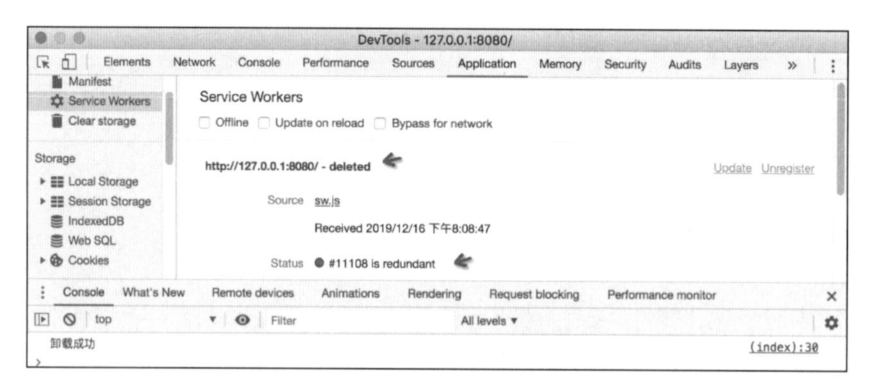

图 3-5 在 Service Workers 面板中查看线程状态

3.1.2 ServiceWorkerRegistration 接口

ServiceWorkerRegistration 接口对象是 Service Worker 文件注册成功后的实例，可以控制共享相同源的一个或多个页面。该对象的持久化列表由浏览器维护。ServiceWorkerContainer 接口和 ServiceWorkerGlobalScope 都可以访问该接口。

获取方式：

```
// 可通过以下三种方式获取

// ServiceWorkerContainer.ready
await navigator.serviceWorker.ready

// ServiceWorkerContainer.getRegistration()
await navigator.serviceWorker.getRegistration()

// ServiceWorkerGlobalScope.registration
self.registration
```

1. 属性

ServiceWorkerRegistration 接口的属性如下。

- scope：返回注册 Service Worker 文件时的 scope，会返回完整的注册范围地址。
- installing：当前 ServiceWorker.state 是在 installing 的时候返回 ServiceWorker 接口对象，此属性初始值为 null。
- waiting：当前 ServiceWorker.state 是在 installed 的时候返回 ServiceWorker 接口对象，此属性初始值为 null。
- active：当前 ServiceWorker.state 是在 activating 或 activated 的时候返回 ServiceWorker 接口对象，此属性初始值为 null。

- navigationPreload：获取当前注册对象关联的 NavigationPreloadManager 接口对象。
- backgroundFetch：获取当前注册对象关联的 BackgroundFetchManager 接口对象，是在 Chrome 71 中新加入的。
- paymentManager：获取当前注册对象关联的 paymentManager 接口对象。
- pushManager：获取当前注册对象关联的 pushManager 接口对象。
- sync：获取当前注册对象关联的 SyncManager 接口对象。
- updateViaCache：获取当前注册的 Service Worker 文件的缓存行为。

2. 方法

ServiceWorkerRegistration 接口的方法如下。

（1）getNotifications

getNotifications 用于获取当前 ServiceWorkerRegistration 创建过的所有 Notification。

格式：

```
ServiceWorkerRegistration.getNotifications(options)
  .then(NotificationsList => { ... });
```

参数：

- options：用于过滤通知。
- tag：通过 tag 过滤 Notification。

（2）showNotification

showNotification 通过 ServiceWorkerRegistration 创建 Notification，用于展示通知。

格式：

```
ServiceWorkerRegistration.showNotification(title, options?);
```

参数 options 的详细说明可以参考 4.3 节。

（3）update

update 用于手动更新注册的 Service Worker 的文件，会绕过缓存下载，并与当前的 Service Worker 文件进行逐字节的对比，如果不同，则进行安装更新。

格式：

```
ServiceWorkerRegistration.update();
```

（4）unregister

unregister 用于注销当前 ServiceWorkerRegistration。注销成功，返回 Promise.resolve(true)。

格式：

```
ServiceWorkerRegistration.unregister().then(boolean => {});
```

3. 事件

ServiceWorkerRegistration 接口的事件 onupdatefound 可以通过 ServiceWorkerRegistration.installing 来监听状态。当 ServiceWorkerRegistration.installing 的 Service Worker 线程发生变化时会触发此事件。

3.1.3 ServiceWorker 接口

ServiceWorker 接口提供了一个对 Service Worker 线程的引用。每个 ServiceWorker 对象与 Service Worker 线程关联，实现 ServiceWorker 跨页面与 window 的关联。

获取方式：

```
window.navigator.serviceWorker.controller;
ServiceWorkerRegistration['installing','waitiong', 'active'];
```

1. 属性

ServiceWorker 接口的属性如下。

- scriptURL：返回注册的 Service Worker 文件的地址。
- state：返回 Service Worker 线程的当前状态，状态包括以下几种。
  - parsed
  - installing
  - installed
  - activating
  - activated
  - redundant

2. 方法

继承 Web Worker 的 postMessage 方法。

3. 事件

ServiceWorker 接口的事件为 onstatechange，ServiceWorker.state 发生变化时会触发此事件。

4. 实例

实时获取当前 Service Worker 线程的状态。

修改 index.html：

```
<!DOCTYPE html>
<html>
  <head>
    <meta charset="UTF-8" />
  </head>
  <body>
    <script type="module">
      if ("serviceWorker" in navigator) {
        navigator.serviceWorker
          .register("sw.js", {
            scope: "./",
            updateViaCache: "none"
          })
          .then(swReg => {
            swReg.onupdatefound = () => {
              const workerInstalling = swReg.installing;

              if (!workerInstalling) {
                return;
              }

              workerInstalling.onstatechange = () => {
                console.log("===> worker 状态 " + workerInstalling.state);
              };
            };
          });
      }
    </script>
  </body>
</html>
```

打开命令行工具，切换到当前文件目录，执行命令 http-server 启动静态服务器，在 Chrome 浏览器中打开页面 http://127.0.0.1:8080。在控制台中可以看到 Service Worker 的整个生命周期的状态，如图 3-6 所示。

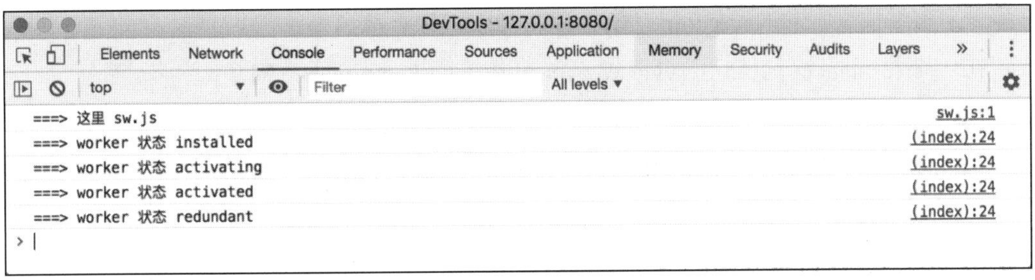

DevTools - 127.0.0.1:8080/
Elements Network Console Performance Sources Application Memory Security Audits Layers
top | Filter | All levels

```
===> 这里 sw.js                      sw.js:1
===> worker 状态 installed          (index):24
===> worker 状态 activating         (index):24
===> worker 状态 activated          (index):24
===> worker 状态 redundant          (index):24
```

图 3-6　Service Worker 的生命周期状态

该状态信息可以和用户进行交互，来告知用户当前的 Service Worker 线程状态，增加用户体验度。

3.1.4 ServiceWorkerGlobalScope 接口

ServiceWorkerGlobalScope 指的是 Service Worker 文件中执行的上下文环境。

Service Worker 属于事件驱动型 Worker，Service Worker 线程会在空闲时进入空闲状态来节省内存和处理器使用。当有 onfetch/onsync/onmessage/onpush 等事件时才会激活线程。同样 ServiceWorkerGlobalScope 中不支持处理同步请求，只能处理异步化的请求，如请求上只能使用 fetch 来处理。

ServiceWorkerGlobalScope 环境下，self 为全局引用，类似于页面中的 window。

1. 属性

ServiceWorkerGlobalScope 接口的属性如下。

- clients：返回 Service Worker 关联的 Clients 对象。
- caches：返回 Service Worker 关联的 CacheStorage 对象。
- registration：返回 Service Worker 注册对象 ServiceWorkerRegistration 的引用。
- crypto：返回与全局关联的 Crypto 接口对象。Crypto 接口提供了基本的加密功能。
- fonts：返回与全局关联的 FontFaceSet 接口对象。FontFaceSet 为 CSS 字体加载 API，管理加载和可查询的字体状态。
- indexedDB：返回与全局关联的 IDBFactory 接口对象。indexedDB 为异步化的数据库接口，在 Service Worker 下推荐使用。
- isSecureContext：用于判断是否是安全的 context。
- location：返回与注册 Service Worker 文件相关的 WorkerLocation 对象。
- navigator：返回一个 WorkerNavigator 对象。可以使用它返回有关运行时环境的更多信息，和 Navigator 对象一样。
- performance：返回 Service Worker 环境下的 Performance 对象。
- origin：返回当前页面的来源，与 self.location.origin 一致。
- self：当前 ServiceWorkerGlobalScope 的引用。

2. 方法

ServiceWorkerGlobalScope 接口的方法如下。

- skipWaiting：当新的 Service Worker 文件安装完成后，跳过等待，直接进行激活流程。

  格式：

  ```
  ServiceWorkerGlobalScope.skipWaiting()
          .then(() => { })// 在{}中做一些处理
  ```

- fetch：对全局 fetch 的引用。

3. 事件

ServiceWorkerGlobalScope 接口的事件如下。

- onactivate：当新 Service Worker 文件进入激活状态时触发的事件。此事件多用于清除上一个版本的缓存。
- onfetch：当页面有网络请求发送时，触发此事件。此事件可用于操作网络请求。
- oninstall：当新 Service Worker 文件进入安装状态时触发的事件。此事件多用于新版本需要安装的一些缓存操作。
- onmessage：当页面层向 Service Worker 发送 postMessage() 时会触发此事件，用于两个环境下的消息通信。
- onnotificationclick：当对由 showNotification 调出的通知消息框进行点击时触发此事件。此事件用于通知消息框的交互。
- onnotificationclose：当对由 showNotification 调出的通知消息框进行关闭时，触发此事件。
- onpush：当推送服务器发送消息后，会触发此事件。onpush 用于推送消息的交互。
- onpushsubscriptionchange：当推送订阅对象发生变化时会触发此事件，如订阅已被撤销或丢失。
- onsync：当注册 sync 时会触发此事件，多用于根据 sync tag 做一些同步操作，用户无须关心网络环境。
- onlanguagechange：当用户首选语言更改时，将在全局范围对象上触发 languagechange 事件。
- onrejectionhandled：处理 Promise 错误。当一个 Promise 错误未被处理，但是稍后又得到了处理，则会触发此事件。

❑ onunhandledrejection：捕获未处理的 Promise 错误。

4. onfetch 与 HTTP 缓存的关系

目前浏览器的缓存类型众多，如 HTTP Cache、Disk Cache、Memory Cache、Service Worker Cache 等，这些缓存是如何产生的？命中优先级是怎么样？ Service Worker 的 onfetch 又是何时才能触发呢？本节将介绍这些内容。

（1）Disk Cache、Memory Cache

Disk Cache、Memory Cache 属于强缓存（见图 3-7），将缓存的响应写到内存或硬盘中，也属于 HTTP 缓存的产物。

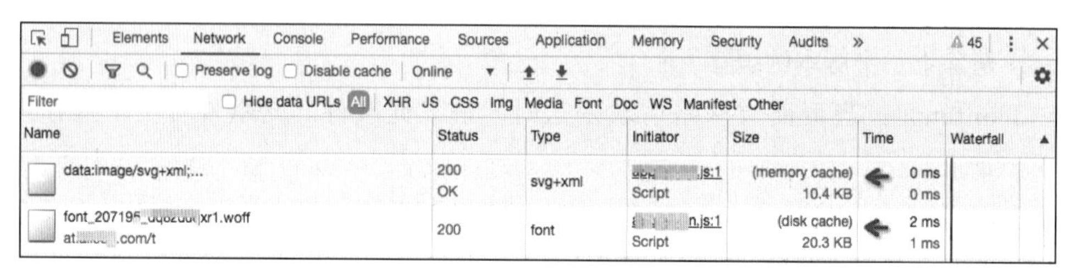

图 3-7　强缓存

1）强缓存是如何产生的？强缓存的产生依赖于请求响应中的 cache-control 和 expires 的 headers 字段。这两个字段都用来设置缓存数据的有效时间。

❑ expires 是 HTTP 1.0 的产物，表示的是缓存的到期时间，是一个绝对时间。

❑ cache-control 是 HTTP 1.1 的产物，表示的是缓存的最大可用时长，是一个相对时间。cache-control 字段的值也需要搭配相应的字段来使用，常用字段如下：

  ❍ max-age：缓存的时长，和 expires 的作用类似，单位是秒。

  ❍ no-cache：忽略强缓存，直接访问协商缓存。

  ❍ no-store：忽略强缓存和协商缓存，直接从服务器获取响应。

  ❍ public：所有数据都可以在任意地方缓存（例如可以缓存到 CDN 和代理服务器上）。

  ❍ private：默认值，所有内容只有客户端才可以缓存。

两个字段同时存在时，cache-control 优先级较高。

2）内存缓存和硬盘缓存是如何存储的？当请求响应符合强缓存时，浏览器会根据 header 头中的字段类型进行缓存处理。通常情况下：

❑ 内存缓存：会存放脚本、base64 数据和字体等。

❑ 硬盘缓存：会存放样式文件、图片或比较大的文件等。

此行为属于浏览器行为，服务器不可对其进行控制。

3）区别

内存缓存与硬盘缓存的主要区别如表 3-1 所示。

表 3-1　内存缓存与硬盘缓存的区别

名称	区别
Disk Cache	• 长期存在。浏览器关闭时同样存在 • 存储文件空间更大
Memory Cache	• 短期存在。生命周期为会话级的，会话结束后将清除缓存 • 访问速度更快 • 优先级更高

4）请求流程

强缓存的请求流程如图 3-8 所示。

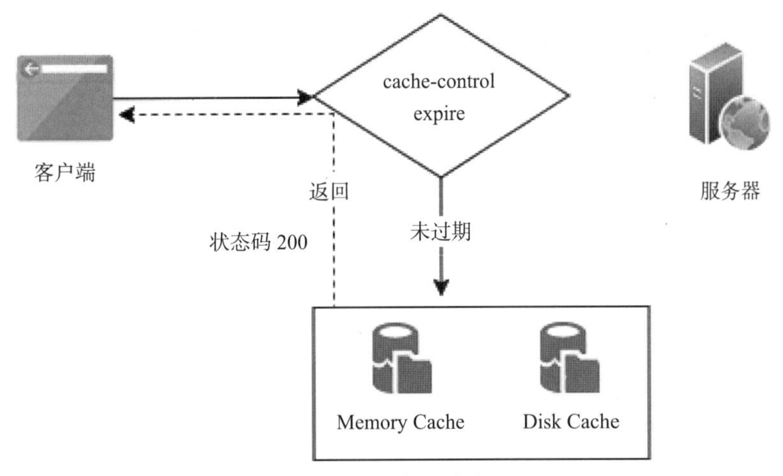

图 3-8　强缓存的请求流程

（2）HTTP Cache

这里主要介绍的是返回状态码为 304 的这种协商缓存，如图 3-9 所示。

当强缓存失效后，浏览器就会携带缓存标志向服务器发送请求。这里主要用到的 header 如下：

❑ Etag / If-None-Match

❑ Last-Modified / If-Modified-Since

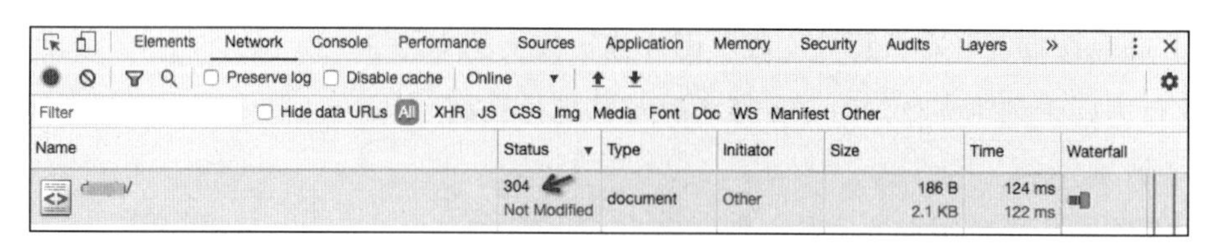

图 3-9 协商缓存

当收到请求的响应时，会携带：

- ❑ Etag：服务器基于某种规则对资源生成的一个标志，类似于文件 hash。
- ❑ Last-Modified：服务器返回的文件最后修改的时间。

当发送请求的时候，浏览器会携带：

- ❑ If-None-Match：对应的是 Etag 的值。
- ❑ If-Modified-Since：对应的是 Last-Modified 的值。

服务器根据这两个值进行匹配，如果相等，说明文件没有变化，返回 304，浏览器直接从缓存里面取；当不相等时，服务器发送最新的内容，状态码为 200。

协商缓存的请求流程如图 3-10 所示。

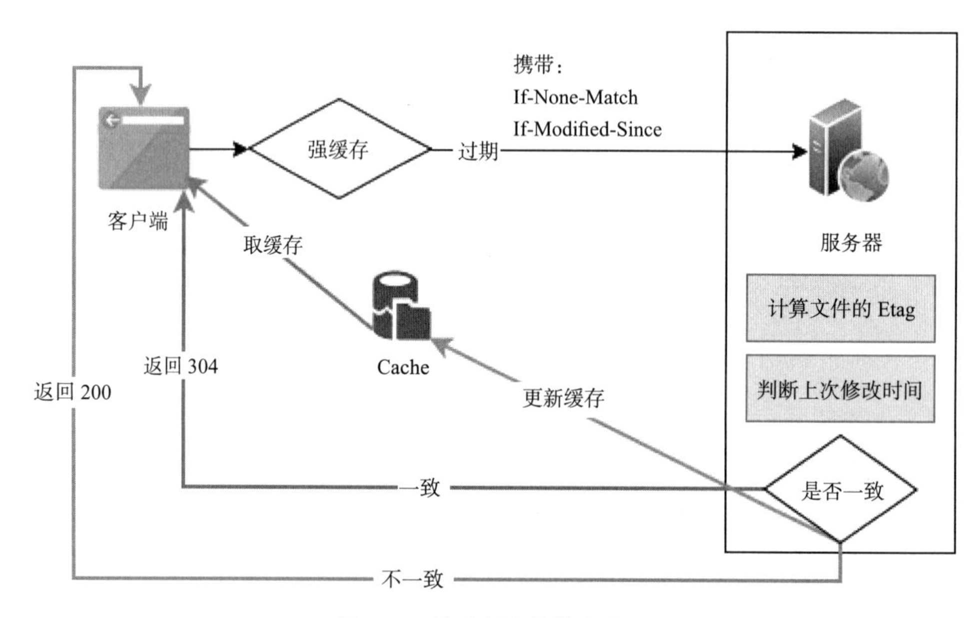

图 3-10 协商缓存的请求流程

（3）Service Worker Cache

Service Worker Cache 属于新的 PWA Cache Storage API，它有更精细的通过程序操

作缓存的能力，如图 3-11 所示。

Name	Status	Type	Initiator	Size	Time	Waterfall
douyin/	200 OK	document	Other	(ServiceWorker) 2.1 KB	5 ms 3 ms	

图 3-11　Service Worker Cache

它的命中条件依赖于 fetch，所以它的命中顺序如图 3-12 所示。是否从 ServiceWorker Cache 里面取缓存，完全依赖于 ServiceWorker 的脚本控制，这取决于用户的自定义设置。

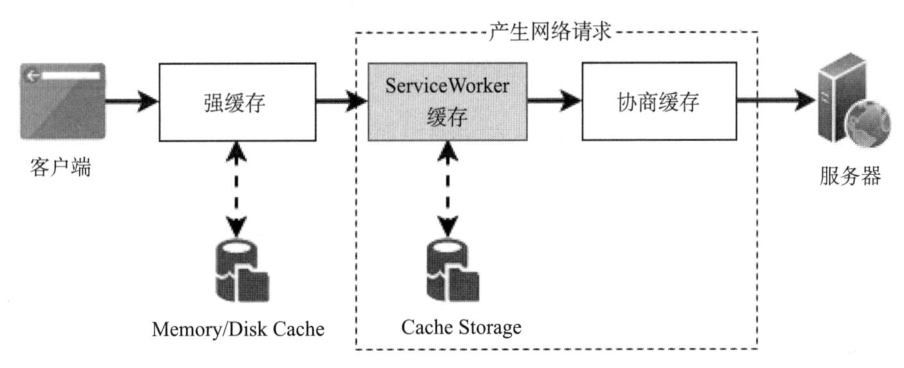

图 3-12　Service Worker Cache 的请求流程

（4）浏览器上对应操作

在浏览器上进行不同的刷新操作，所发送的实际请求也是不同的，各操作在不同缓存中是否有效如表 3-2 所示。

表 3-2　不同缓存对不同刷新操作的支持情况

操作	强缓存	Service Worker Cache	协商缓存	缓存 Headers 变动
刷新按钮或 Cmd + R	有效	有效	有效	无变动
Cmd + Shift + R	无效	无效	无效	请求中无 If-None-Match/If-Modified-Sinc。Cache-Control 的值为 no-cache
DevTools Network 面板开启 Disable Cache	无效	无效	无效	同上，但无缓存时的能力更强

5. 实例——跳过等待 & 受控

当修改 sw.js 后，浏览器会对新的 sw.js 进行重新安装，但我们会发现安装完成后并未激活，这里我们需要修改 sw.js，在关键的事件部分进行处理如下所示：

```
self.addEventListener("install", event => {
  self.skipWaiting(); // 安装后跳过等待
});

self.addEventListener("activate", event => {
  event.waitUntil(clients.claim()); // 所有页面立即受控
});

console.log("===> 这里 sw.js");
```

添加这两个处理，更新完 sw.js 后，新的 sw.js 安装完成后会立即激活并控制所有页面。

3.2 Service Worker 的生命周期

Service Worker 的生命周期涉及脚本的生命周期、线程的生命周期等，下面详细介绍。

3.2.1 脚本的生命周期

Service Worker 脚本从注册到最后注销会经历以下生命周期状态：

- 解析成功（parsed）
- 正在安装（installing）
- 安装成功（installed）
- 正在激活（activating）
- 激活成功（activated）
- 废弃（redundant）

脚本的生命周期如图 3-13 所示。

- **解析**：当 ServiceWorkerContainer.register 执行成功后，并不意味着注册的 Service Worker 文件已经安装或者激活了，而仅仅是注册的 Service Worker 文件解析完成了，符合文件同源及 https 协议等。
- **安装中**：注册完成后，Service Worker 线程会转入 installing 状态，此时 ServiceWorkerGlobalScope.oninstall 事件会被触发，可以在这个事件中做一些静态资源的缓存等操作。

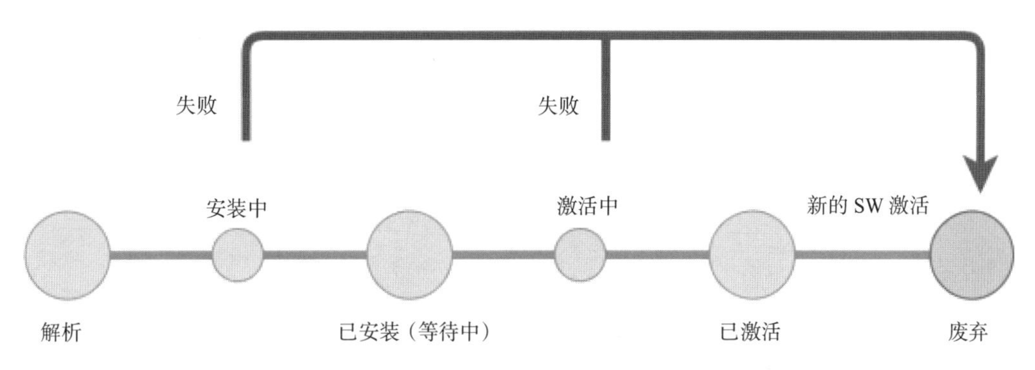

图 3-13 Service Worker 脚本的生命周期

- **已安装**：ServiceWorkerGlobalScope.oninstall 中处理完成后，状态即为 installed。此时新的 Service Worker 线程处于等待状态，可以手动调用 self.skipWating 或者重新打开页面来进行激活。当网站第一次安装 Service Worker 时会自动触发激活。
- **激活中**：激活中状态下会触发 ServiceWorkerGlobalScope.onactivate 事件，可以在这个事件里处理一些旧版本的资源删除操作。在此状态下手动调用 self.clients.claim()，相关页面会立刻被新的 Service Worker 线程控制，并触发 ServiceWorkerContainer.oncontrollerchange 事件。
- **已激活**：ServiceWorkerGlobalScope.onactivate 事件中的处理逻辑完成后，则状态为已激活。
- **废弃**：安装失败、激活失败会导致当前注册的 Service Worker 线程废弃。新的 Service Worker 线程激活成功都会导致旧的 Service Worker 线程废弃。

3.2.2 线程的生命周期

前面介绍的是 Service Worker 脚本的生命周期状态，还有一种是 Service Worker 线程的生命周期状态：

- STARTING：正在启动。
- RUNNING：正在运行。
- STOPPING：正在停止。
- STOPPED：已停止。

为节省系统资源，Service Worker 的线程开关状态属于事件驱动，根据事件的状态可以随时开启和关闭线程，如图 3-14 所示。

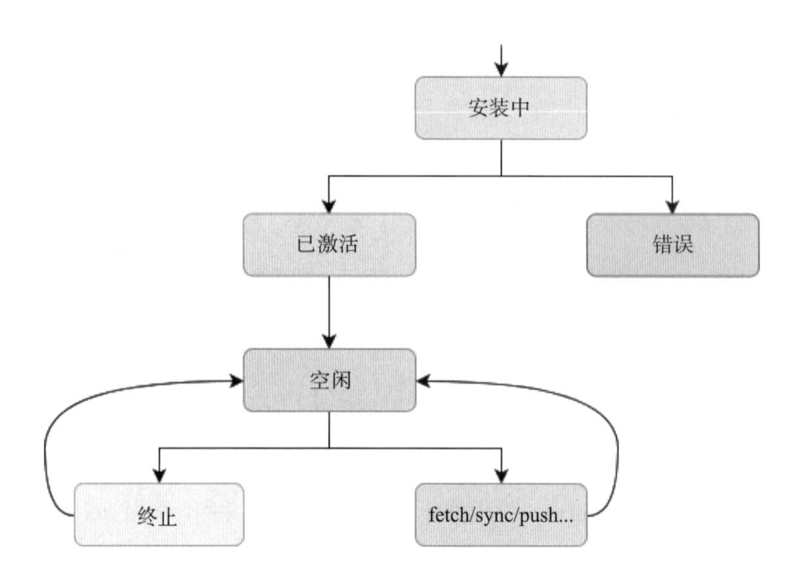

图 3-14 Service Worker 线程状态

当 Service Worker 不工作时会自动休眠，当有 fetch/sync/push 等事件触发时，浏览器会自动开启相关 Service Worker 线程继续运行。另外，Service Worker 的版本状态也是独立于页面的生命周期的。

3.2.3 线程退出

Service Worker 线程并不会一直运行，在以下条件下会停止：

- Service Worker 文件中存在异常会导致 Service Worker 线程退出。例如 JS 文件语法错误、Service Worker 文件安装 / 激活失败、Service Worker 线程执行时存在未捕获的异常。
- Service Worker 线程监听事件函数是否处理完成，变为空闲状态时，Service Worker 线程会自动退出。
- Service Worker JS 执行时间过长，Service Worker 线程会自动退出，比如 Service Worker JS 执行时间超过 30 秒，或 fetch 请求超过 5 分钟还未完成。
- 浏览器也会周期性地检查所有 Service Worker 线程是否可以退出，通常在启动 Service Worker 线程 30 秒后会检查，关掉空闲超过 30 秒的线程。

3.2.4 更新 Service Worker 文件的条件

安装 Service Worker 文件后，当有改变时如何进行更新呢？当满足哪些条件会触发更新呢？

以下情况会触发更新：

- 当线上的 Service Worker 文件与浏览器运行的 Service Worker 文件有一个字节不同时，会触发更新。
- 当注册的 Service Worker 文件发生变化时，即使只是查询参数不一致，也会认为这是一个新的文件，会触发更新。
- 手动调用 ServiceWorkerRegistration.update() 时，浏览器会主动拉取新的 Service Worker 文件并进行对比，如果发现两个文件不一致，则触发更新。
- 在 Service Worker 文件中，importScripts 包含进来的 JS 文件内容变化时，默认情况下遵循 HTTP 缓存规则，当然可以通过设置 updateViaCache 来配置为不走缓存。
- 当 Service Worker 文件安装 24 小时后，浏览器会主动无缓存地去拉取相关文件进行比较，不一样时会触发更新。

当触发更新后：

- 更新的 Service Worker 线程会与现在的 Service Worker 线程一起启动，并有自己的 install 事件。
- 如果新的 Service Worker 出现不正常状态代码（如 4xx/5xx）、解析失败、在执行中引发错误或在安装期间被拒等，则浏览器会丢弃新的 Service Worker 线程，但当前的 Service Worker 线程仍然处于活动状态。
- 新的 Service Worker 安装成功后将处于 waiting 状态，直到现在的 Service Worker 控制的 client 为 0 时。
- 可以使用 self.skipWaitiong() 来防止等待状态，使其立即激活。

3.2.5 调试生命周期

在调试 Service Worker 时，可以直接在 Chrome 的 DevTools 中控制 Service Worker 线程的生命周期，如图 3-15 所示。

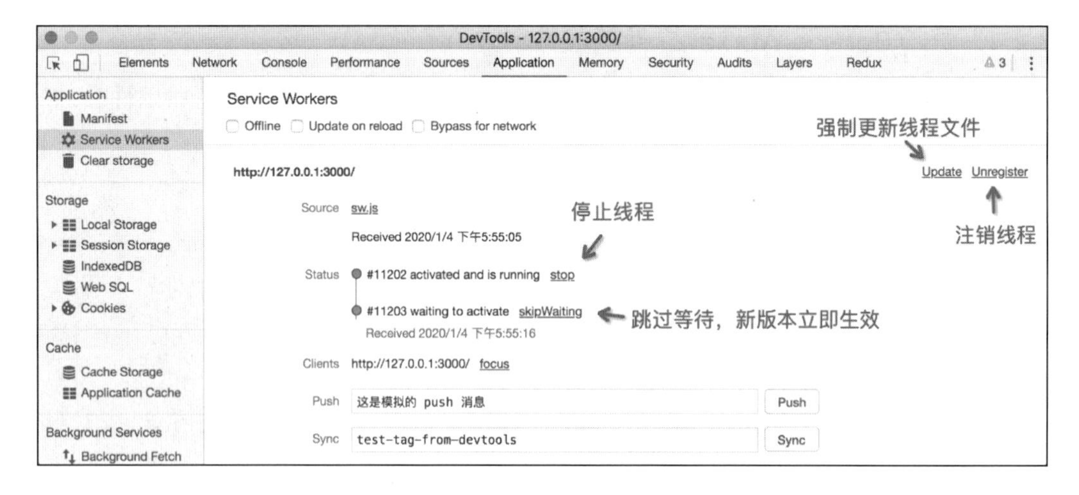

图 3-15　调试线程生命周期

3.3　本章小结

本章对 Service Worker 进行了详细说明，可以看到 Service Worker 地位特殊，能力也非常强。结合 Service Worker 的能力可以构造出很多令人惊喜的东西。

如果对于 Service Worker 注册成功后为什么还需要刷新一次，或对于在 Service Worker 中加入了网络拦截却没效果存在疑问，请考虑重新阅读本章。

下一章开始介绍 PWA 的核心技术。

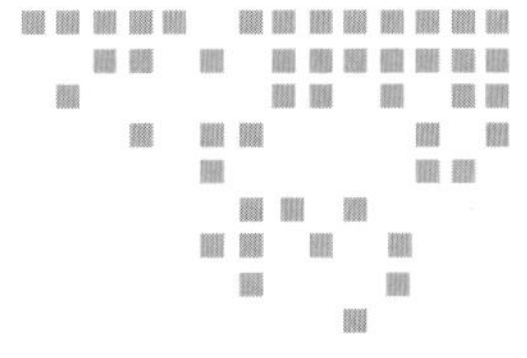

第4章 核心技术

Chapter 4

本章开始展示 PWA 的核心技术，这些核心技术都非常惊艳，包括可与原生应用媲美的 Manifest、强大的网络请求 Fetch、系统级的消息通知 Notification、让用户不再担心数据上传失败的 Sync，以及支持数据离线的 Cache 和消息推送的 Push。

4.1 Manifest 应用清单

在传统的 Web 应用中，通常只能通过在浏览器的地址栏里输入相应的网址进行访问，或者把网页地址创建到桌面上再点击，然后在浏览器里打开。传统模式下，图标、启动画面、主题色、视图模式、屏幕方向等都无法去自定义和控制，而目前可以通过 PWA 标准中的特性来完成上面这些功能，使得访问 Web 应用的路径更短，曝光性更大，与原生应用带来的体验更接近，下面具体介绍这些功能。

4.1.1 简介

Manifest 是一种简单的 json 数据风格的配置文件，通过对其相应的属性进行配置，可以实现相应的功能，这里称 Manifest 为 Web 应用清单。Web 应用清单可以实现自定义启动画面、打开 URL、设置界面颜色、设置桌面图标等，例如：

```
{
    "short_name": "短名称",
```

```
    "name": "这是一个完整名称",
    "icons": [
        {
            "src": "144x144.png",
            "type": "image/png",
            "sizes": "144x144"
        }
    ],
    "background_color": "#2196f3",
    "display": "standalone",
    "start_url": "/index.html"
}
```

4.1.2 字段说明

下面对 Manifest 中的各个字段进行说明。

- name：字符串类型，用来描述应用的名称，会显示在桌面图标的标题位置和启动画面中。
- short_name：字符串类型，用来描述应用的短名字。当应用的名字过长，在桌面图标上无法全部显示时，会用 short_name 中的定义来显示。
- start_url：字符串类型，用来描述当用户从设备的主屏幕点击图标进入时，出现的第一个画面地址。对它的值有以下要求：
  - 如果设置为空字符串，则会以 manifest.json 的地址作为 URL。
  - 如果设置的 URL 打开失败，则和正常显示的网页打开错误的样式一样。
  - 如果设置的 URL 与当前的项目不在一个域下，也不能正常显示。
  - start_url 必须在 scope 的作用域范围内。
  - 如果 start_url 为相对地址，那么根路径基于 Manifest 的路径。
  - 如果 start_url 为绝对地址，那么该地址将永远以 / 作为根路径。
- scope：字符串类型，用来设置 Manifest 对于网站的作用范围。scope 的作用范围及对 start_url 的影响如表 4-1 所示。
- icons：ImageObject 类型的数组，用来设置 Web App 的图标集合。ImageObject 包含以下属性。
  - src：字符串类型，图标的地址。
  - type：字符串类型，图标的 mime 类型，只能是 image/png。
  - sizes：字符串类型，图标的大小，用来表示 widthxheight，单位为 px，如果图标要适配多个尺寸，则多个尺寸间用空格分隔，如 144 × 144 192 × 192 256 × 256。与真实图片的尺寸一定要一致。

表 4-1　scope 的作用范围及对 start_url 的影响

Manifest 的文件位置	start_url	scope	计算后的 start_url	计算后的 scope	有效性
/inner/manifest.json	./index.html	undefined	/inner/index.html	/	有效
/inner/manifest.json	./index.html	../	/inner/index.html	取引用 manifest.json 的 html 路径的上一级，如果已经超过 /，则为 /	有效
/inner/manifest.json	/index.html	/	/index.html	/	有效
/inner/manifest.json	/index.html	undefined	/index.html	/	有效
/inner/manifest.json	/index.html	./	/index.html	/inner	无效 start_url 不在 scope 范围内
/manifest.json	./index.html	undefined	/index.html	/	有效

sizes 适配规则如下：

- 在将 PWA 添加到桌面的时候，浏览器会适配最合适尺寸的图标。浏览器首先会去找与显示密度相匹配且尺寸调整到 48dp 屏幕密度的图标，例如它会在 2 倍像素的设备上使用 96px，在 3 倍像素的设备上使用 144px。
- 如果没有找到任何符合的图标，则会查找与设备特性匹配度最高的图标。
- 如果匹配到的图标路径错误，将会显示浏览器默认的图标。

需要注意的是，图标中必须要有一张图的尺寸为 144 × 144，图标的 mime 类型为 image/png。

- background_color：值为 CSS 的颜色值，用来设置 Web App 启动画面的背景颜色。可以像正常写 CSS 颜色那样定义，示例代码如下：

```
// 完整色值
"background_color": "#0000ff"
// 缩写
"background_color": "#00f"
// 预设色值
"background_color": "yellow"
// rgb
"background_color": "rgb(0, 255, 255)"
// transparent 背景色显示为黑色
"background_color": "transparent"
```

其他的定义 rgba、hsl、hsla 等的方式浏览器不支持，未设置时，背景色均显示白色。

- theme_color：定义和 background_color 一样的 CSS 颜色值，用于显示 Web App 的主题色，显示在 banner 位置。
- display：用来指定 Web App 从主屏幕被点击启动后的显示类型，详情如表 4-2 所示。

表 4-2　display 属性详情

值	描述	降级显示类型
fullscreen	应用的显示界面将占满整个屏幕	standalone
standalone	浏览器相关 UI（如导航栏、工具栏等）将会被隐藏	minimal-ui
minimal-ui	显示形式与 standalone 类似，浏览器相关 UI 会最小化为一个按钮，不同浏览器在实现上略有不同	browser
browser	浏览器模式，与普通网页在浏览器中打开的显示一致	

展示结果如图 4-1 所示。

图 4-1　display 的显示效果

对于不同的显示样式，可以通过 CSS 的媒体查询进行设置：

```
@media all and (display-mode: fullscreen) {
    div {
        padding: 0;
    }
}

@media all and (display-mode: standalone) {
    div {
        padding: 1px;
    }
```

```
}

@media all and (display-mode: minimal-ui) {
    div {
        padding: 2px;
    }
}

@media all and (display-mode: browser) {
    div {
        padding: 3px;
    }
}
```

- orientation：Web App 在屏幕上的显示方向，有以下值。
  - landscape-primary：当视窗宽度大于高度时，当前应用处于“横屏”状态。
  - landscape-secondary：landscape-primary 的 180° 方向。
  - landscape：根据屏幕的方向，自动进行横屏 180° 切换。
  - portrait-primary：当视窗宽度小于高度时，当前应用处于“竖屏”状态。
  - portrait-secondary：portrait-primary 的 180° 方向。
  - portrait：根据屏幕方向，自动进行竖屏 180° 切换。
  - natural：根据不同平台的规则，显示为当前平台的 0° 方向。
  - any：任意方向切换。
- dir：设置文字的显示方向，有以下值。
  - ltr：文本显示方向，左到右。
  - rtl：文本显示方向，右到左。
  - auto：根据系统的方向显示。
- related_applications：用于定义对应的原生应用，类似应用安装横幅提示的形式去推广、引流原生应用，结构如下。
  - platform：字符串，应用平台。
  - id：字符串，应用 id。

  例如，安卓软件可以这样定义：

```
"related_applications": [
    {
        "platform": "play",
        "id": "com.app.xxx"
    }
]
```

- prefer_related_applications：布尔类型，用于设置只允许用户安装原生应用。

4.1.3 安装条件

首先需要在网站下建立 manifest.json 文件，并在页面中引入：

```
<link rel="manifest" href="./manifest.json" />
```

manifest.json 文件中必须配置如下字段：

```
{
  "short_name": "短应用名",
  "name": "长应用名",
  "icons": [
    {
      "src": "icons/192.png",
      "sizes": "144x144",
      "type": "image/png"
    }
  ],
  "start_url": ".",
  "display": "standalone",
}
```

要使 manifest.json 有效，必须满足如下条件：

- 运行在 https 环境或本地环境下，如 127.x.x.x。
- 必须注册并运行 Service Worker，且有 fetch 事件监听。
- Manifest 中必须有 icons，且至少为 144 × 144 的 PNG 图像。
- Manifest 中 display 设置为 standalone 或者 fullscreen。
- Manifest 中必须有 name 或者 short_name。
- Manifest 中必须有 start_url。
- Manifest 中 prefer_related_applications 未设置或设置为 false。

4.1.4 显示安装横幅

按要求配置好后，在浏览器端打开网站。

1. Android Chrome 端

自 Chrome 68 以后，当满足安装应用的条件时，会立即在浏览器底部弹出 Mini 信息条，用户点击信息条时，弹出“添加到主屏幕”对话框，点击“添加”后，完成安装，此时页面上就出现了应用图标。如图 4-2 所示。

图 4-2　安卓 Chrome 下的安装提示

Chrome 68 ~ 75 的 Mini 信息条是无法通过代码来控制是否展示的，Chrome 76 之后版本支持通过代码控制显示。当用户点击 Mini 信息条上的“X”时，至少三个月内，浏览器中不会再出现 Mini 信息条提示，但事件层不受影响，可以通过代码实现。

2. PC Chrome 端

Chrome 73 开始支持在 PC 端安装 Web 到桌面。如图 4-3 所示。

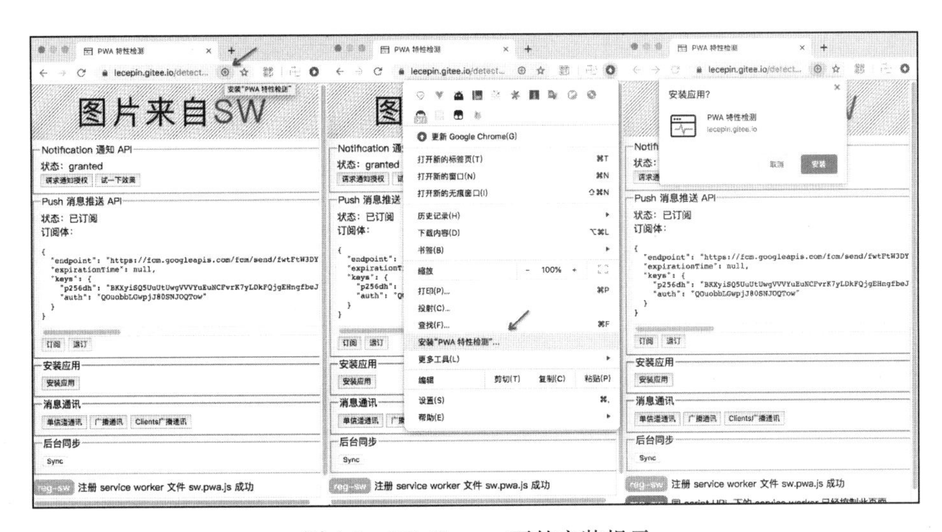

图 4-3　PC Chrome 下的安装提示

4.1.5 自定义安装时机

当 Web 应用符合安装条件时，会触发 beforeinstallprompt 事件，并弹出安装到屏幕的提示，我们可以基于这个事件来控制是否展示安装提示及何时安装。

beforeinstallprompt 事件在此应用未安装的情况下每次进入页面都会触发，如果已安装则不会触发。当用户卸载应用后，则会继续触发此事件。捕获安装提示事件的逻辑如下：

```
var installPromptEvent = null;

window.addEventListener('beforeinstallprompt', (event) => {
  event.preventDefault();  // Chrome <= 67 可以阻止显示
  installPromptEvent = event; // 拿到事件的引用
  document.querySelector('#btn-install').disabled = false;
  // 更新安装 UI，通知用户可以安装
});
```

1. 显示 prompt 对话框

手动显示安装对话框，可以通过调用捕获的 beforeinstallprompt 事件引用中的 prompt 方法来触发，通过事件 userChoice 属性的 Promise 结果中的 outcome 来获取。实现用户点击安装功能的代码如下：

```
document.querySelector('#btn-install')
.addEventListener('click', () => {
  if( !installPromptEvent ) {
    return;
  }

  installPromptEvent.prompt();
  installPromptEvent.userChoice.then( choiceResult => {
    if (choiceResult.outcome === 'accepted') {
      console.log('用户已同意添加到桌面')
    } else {
      console.log('用户已取消添加到桌面')
    }
  })
})
```

2. 已安装事件处理

可以通过 appinstalled 来监听应用是否安装，如下：

```
window.addEventListener('appinstalled', (evt) => {
  console.log('已安装到桌面屏幕');
});
```

3. 环境判断

当前应用是通过在浏览器里输入网址打开的还是通过桌面图标打开的，可以通过 display-mode 属性来判断，然后根据需求设置不同的交互样式。假设 Manifest 中设置的 display 为 standalone，在 js 层可以按如下方式进行判断：

```
if (window.matchMedia('(display-mode: standalone)').matches) {
  console.log('display-mode 是 standalone');
}
```

在 CSS 层可以按如下方式进行判断：

```
@media all and (display-mode: standalone) {
  /* 自定义样式 */
}
```

Safari 浏览器使用 js 可以按如下方式进行判断：

```
if (window.navigator.standalone === true) {
  console.log('display-mode 是 standalone');
}
```

4.1.6　应用的更新

将 Web 应用安装到桌面后，对于后面修改 Manifest 后的更新问题，目前每个平台的表现不一样。

1. Android 端

在 Android 上，当启动 Web 应用时，Chrome 会根据实时 Manifest 来检查当前安装的 Manifest。如果需要更新，则在 wifi 环境下自动进入更新队列。触发更新规则如下：

- 更新检查仅在启动 Web 应用时发生。直接启动 Chrome 不会触发给定 Web 应用的更新检查。
- Chrome 会每隔 1 天或每 30 天检查一次更新。每天检查更新大多数时间都会发生。在更新服务器无法提供更新的情况下，它会切换到 30 天的时间间隔。
- 清除 Chrome 的数据（通过 Android 设置中的“清除所有数据”）会重置更新计时器。
- 如果 Web Manifest URL 未更改，Chrome 将仅更新 Web 应用。如果修改网页的 Manifest 路径，如从 /manifest.json 更改为 /manifest2.json，则 Web 应用将不再更新（非常不建议这样做）。
- 只有正式版 Chrome（Stable / Beta / Dev / Canary）创建的 Web 应用才会更新。

它不适用于 Chromium（org.chromium.chrome）。

- 更新检查可能会延迟，直到连接可用 wifi。

2. PC 端

PC 端暂时不支持更新，后续可能会支持。

4.1.7 iOS 上的适配

iOS 针对桌面图标、启动画面、应用文本及主题色的设置，需要使用单独的特性 meta。

1. 应用图标：apple-touch-icon

需要在网页中增加 apple-touch-icon，如下所示：

```
<link rel="apple-touch-icon" href="/custom_icon.png">
```

不同分辨率可以进行单独适配，如下所示：

```
<link rel="apple-touch-icon" href="touch-icon-iphone.png">
<link rel="apple-touch-icon" sizes="152x152" href="touch-icon-ipad.png">
<link rel="apple-touch-icon" sizes="180x180"href="touch-icon-iphone-retina.png">
<link rel="apple-touch-icon" sizes="167x167" href="touch-icon-ipad-retina.png">
```

2. 启动画面：apple-touch-startup-image

启动画面时需要在网页中增加 apple-touch-startup-image，如下所示：

```
<link rel="apple-touch-startup-image" href="/launch.png">
```

3. 应用 icon 的标题：apple-mobile-web-app-title

默认情况下，使用 <title></title> 中的值，需要修改的话就要指定 meta。

修改 meta 需要在网页中增加 apple-mobile-web-app-title，如下所示：

```
<meta name="apple-mobile-web-app-title" content=" 应用标题 ">
```

4. 应用状态栏的外观样式：apple-mobile-web-app-status-bar-style

修改应用状态栏的外观样式，需要在网页中增加 apple-mobile-web-app-status-bar-style，例如修改为黑色，如下所示：

```
<meta name="apple-mobile-web-app-status-bar-style" content="black">
```

在 iOS 中需要用户主动点击“添加到主屏幕”按钮进行添加，整体效果如图 4-4 所示。

图 4-4　在 iOS 上的安装

4.1.8　兼容适配库

正常来说，所有的特性都要按照 W3C 规范中的约束来使用，但像上面的 Safari 并没有按照规范使用，这样会增加开发者的开发成本。

不过目前有相应的适配脚本，可以解决这个问题。开发者只写规范中 Manifest 的那些定义部分，剩下的交由脚本来完成就可以。

这里需要用到 pwacompat.js，接入方式如下：

```
<link rel="manifest" href="./manifest.json" />
<script src="https://unpkg.com/pwacompat@2.0.9/pwacompat.min.js"
crossorigin="anonymous"></script>
```

4.2　Fetch 网络功能

在 Web 中，对于网络请求一直使用 XMLHttpRequest API 来处理。XMLHttpRequest API 是微软在 IE5 中提出的一个接口，2006 年 W3C 进行了标准化。XMLHttpRequest API 很强大，传统的 Ajax 也是基于此 API 的。那么，为什么 W3C 标准中又加入了类似功能的 Fetch API 呢？它有何优势？

4.2.1　Fetch 简介

Fetch API 是 W3C 正式规范中加入的新的用于网络请求的功能 API，核心就是对于

HTTP 接口进行抽象，包含 Request、Response、Headers、Body 模块，通过这些抽象出来的模块，与 HTTP 相关的操作变得更简便。

Fetch API 是异步化的接口，所有的结果都是以 Promise 返回的，在 window 环境和 Sevice Worker 环境下均可访问。在 Service Worker 中，Fetch 被大量使用，可以配合 Cache API 进行请求和响应的存储。

对于使用过 XMLHttpRequest 的人来说，Fetch 很容易上手。Fetch API 拥有更强大、更灵活的功能。

1. Fetch 和 XMLHttpRequest 的使用对比

我们首先看一下两者在使用上的区别。下面分别实现发送一个请求。

用 XMLHttpRequest 发送请求：

```
const req = new XMLHttpRequest();
req.onload = () => {
  if (req.status != 200) {
    return console.log("获取数据存在问题，状态码为" + req.status);
  }
  console.log("获取数据", req.responseText);
};

req.open("get", "/api", true);
req.send();
```

用 Fetch 发送请求：

```
fetch("/api")
  .then(res => {
    if (res.status != 200) {
      return Promise.reject("获取数据存在问题，状态码为" + res.status);
    }

    return res.text();
  })
  .then(data => {
    console.log("获取数据", data);
  })
  .catch(err => {
    console.log("fetch 错误", err);
  });
```

从上面可以看到 Fetch 使用起来更简单，基于 Promise 实现，避免了 XMLHttpRequest 的回调地狱问题，数据方面以数据流的形式返回，对于大数据传输更有优势。

2. Fetch 接口的关系

Fetch 涉及多个接口，它们之间的关系如图 4-5 所示。

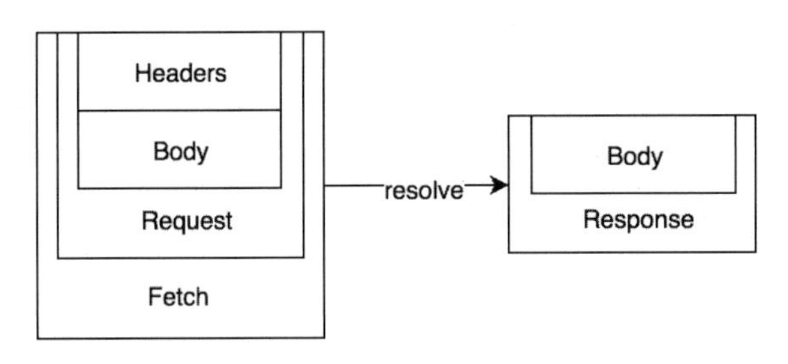

图 4-5　Fetch 接口的关系

3. fetch() 方法

Fetch API 在 window 和 WorkerGlobalScope 环境中进行了暴露，可以直接使用。fetch() 语法如下：

```
Promise<Response> fetch(input, init?);
```

fetch() 方法的输入参数和 Request API 的构造器是完全一样的。fetch() 会返回一个 Promise 化的 Response 接口对象作为结果。

fetch() 方法由 Content Security Policy 的 connect-src 指令控制，而不是它请求的资源。这里有一点需要注意，fetch() 接收到一个错误的 HTTP 状态码时，如 4xx、5xx，并不会标记为 Promise.reject，而是 Promise.resolve，但返回的 Response 接口对象中的 ok 属性会被置为 false。仅在网络出现故障或请求被浏览器取消时才会返回 Promise.reject。

错误包括：

- AbortError：请求中断。通过使用 AbortController.abort() 来控制。
- TypeError：如进行了跨域操作。

4. Response 时机

fetch().then 返回 Response 并不是在内容下载完成时，而是请求开始响应时，这一点需要注意，如图 4-6 所示。

示例代码如下所示：

```
fetch("/a.jpg")
  .then(data => {
    // 请求响应的时机
    return data.text();
  })
```

```
.then(data => {
  // 下载完成的时机
});
```

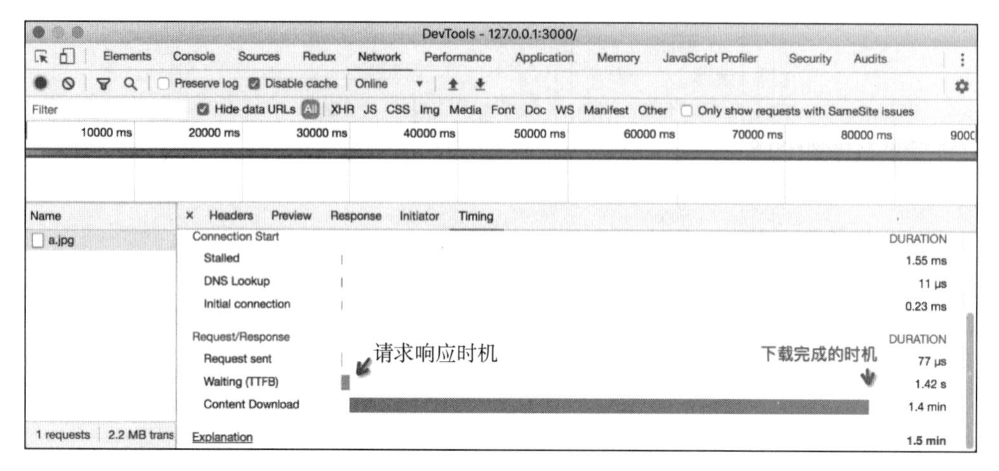

图 4-6 Fetch 的 Response 时机

4.2.2 Request

Fetch API 的 Request 接口表示资源请求，和 fetch() 方法拥有相同的构造器。

1. 构造器

使用 Request.Request() 来创建新的 Request 接口对象：

```
const req = new Request(input, init?);
```

参数：

- ❑ input：请求地址，可以使用以下类型。
  - ❍ 要获取资源的 URL 字符串。
  - ❍ Request 对象，用于创建副本。使用此类型进行创建时会进行一些处理。会剥离 Request 的 referrer 属性，对于 Request mode 为 navigate 的，会将 mode 转化为 same-origin。
- ❑ init：可选，初始配置，包含以下属性。
  - ❍ method：请求的方法，如 POST、GET 等。注意在 Fetch 请求方法为 GET 或 HEAD 时不能设置 Origin 头。
  - ❍ headers：请求的 headers 信息。这里可以直接使用 Header 接口对象，或者具有 ByteString 值的对象，但有些名称是被禁止的。

- body：请求的 body 信息。一般配合 POST 请求使用，GET/HEAD 的 Request 是没有 body 的。它可以是 Blob、BufferSource、FormData、URLSearchParams 接口对象或者字符串。
- mode：请求的模式，与跨域相关，包含以下值。
  - same-origin：只有同域下才可以请求成功，否则浏览器不会进行请求发送，同时抛出错误。
  - cors：表示同域和允许跨域的跨域请求两者可以发送请求成功，其他请求不发送。
  - no-cors：用于不允许跨域的跨域响应头的请求，响应类型为 opaque，status 为 0。
  - navigate：表示直接在浏览器地址栏中的请求，ServiceWorker 拦截时可以获取。如果在创建 Request 时使用，会被设置为 same-origin。

- credentials：用于请求的受信类型，以设置 cookie 是否发送。credentials 包含以下值。
  - omit：不发送 cookie。
  - same-origin：默认值，同域下发送 cookie，不能跨域发送。
  - include：无论是否为同域 cookie 都会发送。
- cache：表示请求时的缓存模式，有以下值。
  - default：发送前会检查 HTTP 缓存。
  - no-cache：忽略强缓存，采用协商缓存模式，请求成功后更新缓存。
  - no-store：忽略所有缓存，直接发送请求获取最新响应，请求成功后不更新缓存。
  - reload：忽略所有缓存，请求成功后更新缓存。
  - force-cache：请求强依赖于缓存，即使缓存过期也使用缓存。如果无缓存，则发送正常的请求。
  - only-if-cached：请求强依赖于缓存，即使缓存过期也使用缓存。如果无缓存，则返回网络错误。
- redirect：设置请求的重定向模式，包含以下值。
  - follow：自动跟随重定向。

    - error：如果发生重定向，则返回网络错误。
    - manual：如果发生重定向，则手动处理重定向。
- referrer：设置请求的来源，可以是 no-referrer、client 或 URL 值。client 值会在请求过程中更改为 no-referrer 或 URL。
- referrerPolicy：用于设置请求的 referrerPolicy。可以设置为 no-referrer、no-referrer-when-downgrade、same-origin、origin、strict-origin、origin-when-cross-origin、strict-origin-when-cross-origin、unsafe-url。
- integrity：设置请求资源的加密散列值，保证请求的完整性。
- keepalive：用于设置 keepalive 标志位。它允许请求超出环境设置的生存期。
- signal：AbortSignal 实例。可以使用它与请求进行通信，并进行请求的中断操作。

2. 属性

构造函数中的 init 参数都可以在接口对象属性中获取。

3. 方法

clone()：用于创建请求对象的副本。

Request 接口实现了 Body 接口，所以 Body 的属性和方法在 Request 中依然有效。

4. 实例

下面看一下 Request 的使用：

```
// 对于不允许跨域的发送请求
fetch(
  new Request("http://xxx.com/no-cors", {
    mode: "no-cors"
  })
);

// 是否同域都包含 cookie
fetch(
  new Request("http://xxx.com/include-cookie", {
    credentials: "include"
  })
);
```

4.2.3 Headers

Headers 接口用于构造 Request 的 headers 属性，主要用于 HTTP 请求和响应头的各种操作。可以通过 Request.headers 和 Response.headers 属性获取 Headers 对象。

1. 构造器

使用 Headers.Headers () 来创建新的 Headers 接口对象：

```
const headers = new Headers(init?);
```

参数为 init，可选，可以是任意 HTTP 标头支持的属性作为预填充值对象，也可以是 Headers 接口对象。

2. 方法

Headers 接口的方法如下。

- append(name, value)：将新值附加到 Headers 接口对象上，主要用于为一个属性添加多个值。如果没有，则添加该字段及值。
- delete(name)：删除 Header 接口对象上的标头字段。
- entries()：返回一个包含 Header 接口对象字段和值的迭代器。
- forEach(callback(values, name))：为 Headers 接口对象的遍历器增加回调函数，函数第一个值为用逗号分隔的 values 字符串，第二个值为 name。
- get(name)：获取 Header 中字段为 name 的字符串值。值为多个时，使用逗号分隔。
- has(name)：返回布尔值，判断 Header 接口对象是否包含 name 字段。
- keys()：返回 Header 接口对象所有字段的迭代器。
- set(name, value)：为 Headers 接口对象设置字段和值。
- values()：返回 Header 接口对象所有值的迭代器。

3. 可用 HTTP 头

出于安全，某些标头只能由浏览器控制。可用的 HTTP 头包含以下几类：

- 常规标题：用于请求和响应与最终在正文中传输的数据无关的标头。
- 请求标头：用于要提取有关的资源或客户端本身的更多信息的标头。
- 响应标头：用于与响应有关的其他信息的标头，例如其位置或服务器本身（名称和版本等）。
- 实体标头：用于与实体主体有关的更多信息的标头，例如其内容长度或 MIME 类型。

将可以使用的 HTTP 头按照作用进行分类，如表 4-3 所示。

表 4-3 HTTP 头的分类及作用

类型	表头
认证类	WWW-Authenticate Authorization Proxy-Authenticate Proxy-Authorization
缓存类	Age Cache-Control Clear-Site-Data Expires Pragma Warning
客户端提示类	Accept-CH Accept-CH-Lifetime Early-Data Content-DPR DPR Save-Data Viewport-Width Width
条件类	Last-Modified ETag If-Match If-None-Match If-Modified-Since If-Unmodified-Since Vary
连接管理类	Connection Keep-Alive
内容判断类	Accept Accept-Charset Accept-Encoding Accept-Language
控制类	Expect Max-Forwards
Cookie 类	Cookie Set-Cookie
CORS 类	Access-Control-Allow-Origin Access-Control-Allow-Credentials Access-Control-Allow-Headers

（续）

类型	表头
CORS类	Access-Control-Allow-Methods Access-Control-Expose-Headers Access-Control-Max-Age Access-Control-Request-Headers Access-Control-Request-Method-Origin Timing-Allow-Origin X-Permitted-Cross-Domain-Policies
不追踪类	DNT TK
下载类	Content-Disposition
消息正文类	Content-Length Content-Type Content-Encoding Content-Language Content-Location
代理类	Forwarded X-Forwarded-For X-Forwarded-Host X-Forwarded-Proto Via
重定向类	Location
请求上下文类	From Host Referer Referrer-Policy User-Agent
响应上下文类	Allow Server
范围请求类	Accept-Ranges Range If-Range Content-Range
安全类	Cross-Origin-Resource-Policy Content-Security-Policy Content-Security-Policy-Report-Only Expect-CT Feature-Policy Public-Key-Pins Public-Key-Pins-Report-Only Strict-Transport-Security Upgrade-Insecure-Requests

（续）

类型	表头
安全类	X-Content-Type-Options X-Download-Options X-Frame-Options X-Powered-By X-XSS-Protection
服务器发送事件类	Last-Event-ID NEL Ping-From Ping-To Report-To
转移编码类	Transfer-Encoding TE Trailer
WebSockets 类	Sec-WebSocket-Key Sec-WebSocket-Extensions Sec-WebSocket-Accept Sec-WebSocket-Protocol Sec-WebSocket-Version
其他	Accept-Push-Policy Accept-Signature Alt-Svc Date Large-Allocation Link Push-Policy Retry-After Signature Signed-Headers Server-Timing SourceMap Upgrade X-DNS-Prefetch-Control X-Firefox-Spdy X-Pingback X-Requested-With X-Robots-Tag X-UA-Compatible

4. 实例

下面看一下 Headers 的使用示例：

```
// 设置 content-type 为 formdata
fetch(
  new Request("/form", {
    headers: new Headers({
      "Content-Type": "multipart/form-data"
    })
  })
);
```

4.2.4 Response

请求的响应类型为 Response。通过 Response 接口可以直接创建一个新的 Response 接口对象。

需要注意的是 Response 接口对象的正文信息只能使用一次，多次使用时，需要进行复制操作。

1. 构造器

使用 Response.Response() 来创建新的 Response 接口对象：

```
const response = new Response(body?, init?);
```

参数：

- body：可选，定义响应主体的对象，可以是以下类型。
  - Blob
  - BufferSource
  - FormData
  - ReadableStream
  - URLSearchParams
  - 任意字符串
- init：可选，用于设置响应的自定义设置对象，包括以下参数。
  - status：响应的状态代码，例如 200、404 等。
  - statusText：与状态代码相关的状态信息，例如，OK、Not Found 等。
  - headers：用于设置相应头可以是 Headers 接口对象或键值对的对象文本。

2. 属性

Response 接口包含以下属性：

- headers：响应中的 HTTP 头信息，是一个 Headers 对象。
- ok：布尔值，表明响应是否成功。状态码在 200 ~ 299 范围内的标志为 true。
- redirected：表示响应是否是重定向的请求结果，通过此属性来过滤重定向响应。
- status：响应的状态码。
- statusText：响应状态文字。
- type：响应类型如下。
  - basic：同域响应，除 Set-Cookie 和 Set-Cookie2 外，所有标题都被暴露。
  - cors：跨域响应，从有效的跨源请求收到的响应。
  - error：网络错误。从 Response.error() 获取的响应的类型，响应的状态为 0，Header 对为空且只读。
  - opaque：响应 no-cors 请求到跨源资源。
  - opaqueredirect：使用重定向 manual 进行获取，响应的状态为 0，body 为空。
- url：响应的 URL。URL 的值是重定向后获得的最终 URL。

3. 方法

Response 接口包含以下方法：

- clone()：用于创建响应对象的副本，响应内容完全一样，可以存储在不同的变量中。
- error()：用于返回与网络错误关联的新的 Response 对象。
- redirect(url, status)：用于返回一个重定向到指定的 URL 的 Response 对象。

Response 接口实现了 Body 接口，所以 Body 的属性和方法在 Response 中依然有效。

4. 实例

下面看一下 Response 的使用实例：

```
// Response 的返回值只能在 Service Worker 中作为网络拦截返回
// 创建一个 json 内容响应
 new Response(
  JSON.stringify({
    name: "小红",
    age: 18
  }),
  {
    headers: new Headers({
      "Content-Type": "application/json"
    })
```

```
  }
);
```

4.2.5　Body

Body 接口主要用于在 Respose 中响应主体内容或者在 Request 的 POST 方法中请求主体内容。Body 由 Request 接口对象和 Response 接口对象实现，它为这些接口对象提供了主体流和是否使用标志及 MIME 类型。

1. 属性

Body 接口包含以下属性：

- body：Body 内容的 ReadableStream，需要借助解析方法进行读取。
- bodyUsed：返回布尔值，判断 body 是否读取过。

2. 方法

Body 接口包含以下方法：

- arrayBuffer()：将 Response 流读取完成并返回一个 ArrayBuffer 类型的 Promise 对象。
- blob()：将 Response 流读取完成并返回一个 blob 类型的 Promise 对象。当 Response.type 为 opaque 时，则生成的 Blob.size 为 0，Blob.type 为空，使用 URL.createObjectURL 会报错。
- formData()：将 Response 流读取完成并返回一个 FormData 类型的 Promise 对象。
- json()：将 Response 流读取完成并返回一个 json 类型的 Promise 对象。如果 Response 流的内容不符合 json 字符串规则，那么将会报错。
- text()：将 Response 流读取完成并返回一个字符串类型的 Promise 对象。结果始终使用 UTF-8 解码响应。

4.2.6　实例

下面看一下 Fetch 接口相关的例子。

1. POST 请求

POST 请求可以使用多种方式实现，主要根据 Content-Type 来区分，代码如下：

```
// Content-Type: text/plain
fetch("./", {
  method: "POST",
```

```
  body: "11111"
});

// Content-Type: application/x-www-form-urlencoded
const u = new URLSearchParams();
u.append("a", 1);
u.append("b", 2);
fetch("./", {
  method: "POST",
  body: u
});

// Content-Type: multipart/form-data
const f = new FormData();
f.append("c", 3);
f.append("d", 4);
fetch("./", {
  method: "POST",
  body: f
});

// 当然也可以直接指定，如 json
const j = {
  e: 5,
  f: 6
};
fetch("./", {
  method: "POST",
  headers: {
    "Content-Type": "application/json"
  },
  body: JSON.stringify(j)
});
```

2. 永不缓存请求

对于一些要求实时的接口，除了可以在服务器端添加某些 header 来做到无缓存外，fetch 也可以做到，示例代码如下：

```
fetch("./", {
  cache: "no-store" // 无任何缓存
});
```

3. 跨域请求

对于不允许跨域的跨域请求也是可以成功发送的，但是这里不建议使用。这类跨域请求响应的数据类型是 opaque，无法查看内容，多数用在缓存中，代码如下：

```
// 不允许跨域的跨域请求
fetch("https://test.com/cors.json", {
  mode: "no-cors"
});

// 允许跨域的跨域请求，可以正常读取 Response 的内容
fetch("https://test.com/cors.json", {
  mode: "cors"
});
```

4. 超时中断请求

对于一些超时场景，也可以配合 AbortController 使用，当超时时将请求中断，代码如下：

```
function _fetch(url, options, timeout) {
  let abort = new AbortController();
  setTimeout(() => {
    abort.abort();
  }, timeout);
  return fetch(url, { ...options, signal: abort.signal });
}

// 如 1s 内响应未完成，则中断请求
_fetch("/api", {}, 1000)
  .then(data => {
    // 未超时
  })
  .catch(e => {
    // 超时
  });
```

5. ServiceWorkerGlobalScope 中的 fetch

ServiceWorkerGlobalScope 中对于网络的劫持是依赖于 onfetch 事件的，同样自定义请求也依赖于 Fetch 中的相关接口，代码如下：

```
self.addEventListener("fetch", e => {
  // e.request 即为拦截 fetch 的完整 Request
  const url = new URL(e.request.url);

  if (url.pathname === "/") {
    return e.respondWith(new Response("这是被劫持的首页内容"));
  }

  if (url.pathname === "/jump") {
    // 如果是 jump，则返回首页的内容
    return e.respondWith(fetch("./", {}));
```

```
    }

    e.respondWith(
      fetch(e.request).then(res => {
        const cacheRes = res.clone(); // 复制 Response
        caches.open("cache-name").then(cache => { // 缓存操作
          cache.put(e.request, cacheRes);
        });
        return res;
      })
    );
  });
```

拦截请求并进行替换的效果如图 4-7 所示。

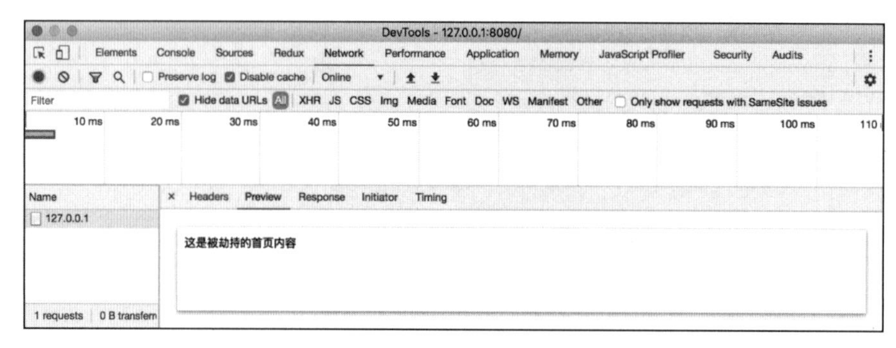

图 4-7　Service Worker 进行网络替换

4.3 Notification 消息通知

在很多场景下，需要用到通知这种交互方式来提醒用户，传统方式下可以在页面中实现一个对话，或通过修改网页的标题来实现消息的通知。然而传统的实现存在着一定的不足，在网页最小化的情况下，无法查看任何通知，导致用户无法及时获取通知信息。PWA 中包含 Notification API 的使用，专注于 Web 的消息通知。

4.3.1 简介

Notification API 的 Notification 界面用于配置和显示用户的桌面通知。这些通知的外观和特定功能因平台而异，但通常它们都提供了一种向用户异步提供信息的方法。

此 API 必须在 HTTPS 或者本地域名下使用。

整体流程如图 4-8 所示。

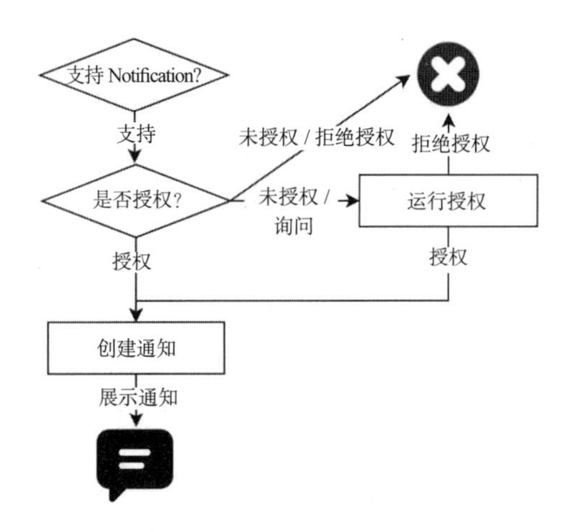

图 4-8　消息展示流程

4.3.2　接口信息

Notification 包含如下接口信息。

1. 构造函数

构造函数如下：

```
const notification = new Notification(title, options?);
```

参数：

- title：设置通知的标题，标题显示在顶部。
- options：可选，属性如下。
  - actions：NotificationActions 数组，表示在显示通知时用户可用的操作选项。当用户选择这些操作项后，Service Worker 会通过 onnotificationclick 事件获取用户的选择操作。此属性只在 Servcie Worker 下有效。NotificationActions 的结构如下。
    - action：显示在通知上的 action 标志。
    - title：显示在通知上的 action 标题。
    - icon：显示在 action 上的 icon URL。
  - badge：在没有足够空间显示消息时，显示 badge 设置的图像。
  - body：通知中显示的内容消息。
  - data：用于消息通知的数据传递。可以是任何数据类型，通过 event.

currentTarget.data 来获取。

- dir：设置显示通知的方向。
- icon：消息通知中显示的图标的 URL。
- lang：设置通知中的语言，必须是有效的 BCP 47 语言标记。
- renotify：布尔值，设置用新通知替换旧通知时是否通知用户，默认值为 false，表示不会通知用户。
- requireInteraction：表示通知应保持活动状态，直到用户单击或关闭它，而不是自动关闭。默认值为 false。必须带 tag 才有效果。
- silent：消息是否静默通知。默认值为 false，表示不静默通知。
- tag：给消息指定 tag，用于进行消息分组。
- timestamp：设置创建通知的时机。
- vibrate：设置收到消息通知时的振动模式。值是以毫秒为单位的时间数组，偶数下标为振动多长时间，奇数下标为暂停多长时间。如 [100, 200, 300] 表示振动 100ms，暂停 200ms，然后振动 300ms。

2. 属性

Notification 包含如下属性。

1）静态属性：permission，用于获取当前用户对通知的权限。结果值如下。

- granted：用户已授权显示系统通知。
- denied：用户已拒绝显示系统通知。
- default：用户未做决定，程序表现为拒绝。

2）实例属性：构造器中的 options 都可以通过实例属性获取。

3. 事件

Notification 包含如下事件。

- onclick：点击显示通知框时触发的事件。可以通过 preventDefault() 阻止焦点显示到 notification 打开的 tab 上。通过 event.currentTarget 来获取属性。
- onclose：通知关闭时，触发此事件。必须调用 Notification.close() 才能触发此事件。
- onerror：消息通知发生错误时的事件处理函数。
- onshow：通知展现时触发此事件。

消息通知条件关系如图 4-9 所示。

图 4-9　消息通知事件关系

4. 方法

Notification 包含如下方法。

1）静态方法 requestPermission()：请求消息通知权限。以 Promise 的形式返回，值为 Notification.permission。

2）实例方法 close()：通过 Notification 的实例方法调用，来关闭消息通知，并触发 onclose 事件。

5. 授权模式

我们通过 Notification.requestPermission() 方法进行授权申请，当授权值不同的，浏览器给出的交互也不同。主要有以下几种情况。

（1）当前通知状态为默认

可以通过 Notification.permission 或者通过点击浏览器地址栏中左侧的小图标来查看，如图 4-10 所示。

图 4-10　浏览器对当前网址的通知状态

当授权状态为 default 时，浏览器会弹出授权框让用户进行授权选择，如图 4-11 所示。

图 4-11 通知授权

用户可选择“允许”或“禁止”完成授权。有一点需要注意，如果用户不做任何选择，而是点击了授权框右上角的关闭按钮，当超过 3 次时，浏览器默认将授权状态设置为 denied。

（2）当前通知状态为授权

当前为已授权时，可以正常调用显示通知框。Notification.requestPermission() 的 Promise 会立即返回 resolve 状态。

（3）当前通知状态为禁止

当前授权状态为禁止时，无法再通过 API 调用来让浏览器显示通知授权的窗口，只能用户手动点击地址栏左侧的按钮，进行通知授权设置。

4.3.3 实例

下面看一下 Notification 接口相关的例子。

（1）点击通知打开指定页面

对于一些新闻站点，如进行了一条新闻的通知，我们期待用户通过点击通知框自动给用户打开相关新闻的链接页面。代码如下：

```
Notification.requestPermission().then(() => {
  const n = new Notification('今日新闻', {
    body: '假期到来旅客人数突破新高～',
    icon: 'icon.png',
    requireInteraction: true,
    data: {
      nav: 'https://xxx.news.com/xxx.html' // 自定义的属性
    }
  });

  n.onclick = event => {
    n.close();
```

```
    if(event.currentTarget.data.nav) { //获取自定义的属性
      window.open(event.currentTarget.data.nav);
    }
  };
}).catch(() => {
  alert('通知权限已禁止，请设置打开权限');
})
```

运行效果如图 4-12 所示。

图 4-12　消息通知框

（2）通知按钮交互

我们还可以借助 Notification 的 action 能力来实现通知栏的交互。例如，我们开发一个聊天相关的应用，代码如下：

- index.js：

```
navigator.serviceWorker.ready.then(swReg => {
  Notification.requestPermission().then(() => {
    swReg.showNotification('好友请求', {
      body: '美女向你打招呼~',
      icon: 'face.png',
      requireInteraction: true,
      actions: [{
        action: 'yes',
        title: '加好友',
      }, {
        action: 'no',
        title: '拒绝'
      }]
    });
  })
})
```

- sw.js：

```
self.addEventListener("notificationclick", function(event) {
  console.log("notificationclick", event);
  event.notification.close();

  if(event.action == 'yes') {
```

```
      // 点击加好友按钮的逻辑处理
    } else if(event.action == 'no') {
      // 点击拒绝按钮的逻辑处理
    }
  });
```

效果分别如图 4-13 和图 4-14 所示。

图 4-13　收到添加好友通知框

图 4-14　通过更多按钮中的 action 来交互

4.4 Sync 后台同步

当在一些地下停车场，或者在火车、电梯等无法避免信号不稳定的场所，使用 Web 应用进行一些表单处理或者上传数据的操作时，面临的将是网络连接错误的响应，使用户的操作白费。而此刻 PWA 的 Sync API 就很好地解决了这个问题，让用户处理一些数据上传的操作时，无须关心网络环境，所有相关操作均会在合适的时机去完成数据同步。Sync API 也是 PWA 离线功能里面的重要一环，下面就介绍这个重要功能。

4.4.1 SyncManager 接口

Sync 相关的注册和获取需要借助于 SyncManager 接口来实现。Sync 是一个非常简单且实用的功能。

1. 获取 SyncManager

ServiceWorkerRegistration 接口对象中包含了对 SyncManager 的引用，window 环境

获取如下：

```
navigator.serviceWorker.ready.then(swReg => {
  swReg.sync // SyncManager
})
```

2. 方法

SyncManager 只包含两个简单的方法。

- register(tag) 用于注册一个 Sync tag。tag 值自定义。注册成功后，当网络正常时，会立即触发 onsync 事件，格式如下：

  ```
  Promise<void> SyncManager.register(tag)
  ```

- getTags() 获取已注册但未完成的 Sync tag，格式如下：

  ```
  Promise<Array<String>> SyncManager.getTags()
  ```

3. 事件

Sync 注册成功后，当前网络会立即触发 onsync 事件，可在该事件里处理 Sync tag 是否完成。此事件需要在 ServiceWorkerGlobalScope 中进行监听。该事件下主要有两个相关属性：

- tag：获取触发此次事件的是哪一个 Sync tag。
- lastChance：获取触发此次事件的 Sync tag 是否是最后一次尝试。如果 Sync tag 尝试多次还未成功，当 lastChance 为 true 时表示不再尝试，并且删除此 Sync tag。

4.4.2　Sync 流程

从 Sync 注册到 Sync 完成会经历三个阶段：

- Registered sync：注册 sync。
- Dispatched sync event：发出 sync 事件。
- Sync completed：Sync 完成。

Sync tag 是否完成取决于 SyncEvent.waitUntil(Promise.reject?) 中的 Promise 是否返回 reject。如果不是 reject 则立即完成；如果是 reject，目前 Chrome 浏览器会最多尝试 3 次 onsync 事件的触发，每次周期间隔至少 5 分钟。整体流程如图 4-15 所示。

这里可以通过 Chrome DevTools 中的 Background Sync 面板详细查看 Sync 执行流程。例如，实现一个一直同步失败的例子，来查看 Chrome 浏览器的执行过程：

```
// index.js
navigator.serviceWorker.ready.then(swReg => {
  swReg.sync.register("test"); // SyncManager
});

// sw.js
self.addEventListener("sync", e => {
  console.log("sync", e.tag, e.lastChance);
  e.waitUntil(Promise.reject());
});
```

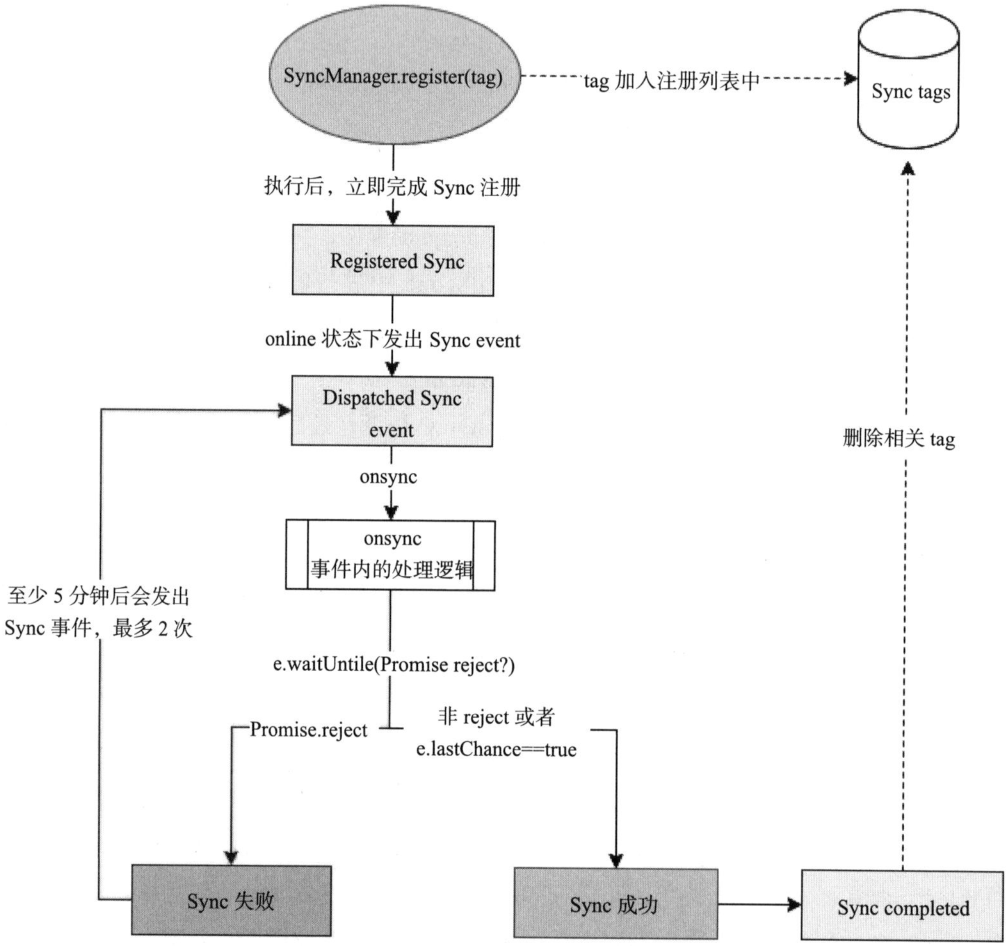

图 4-15　Sync 的执行流程

DevTools 中的效果如图 4-16 所示。

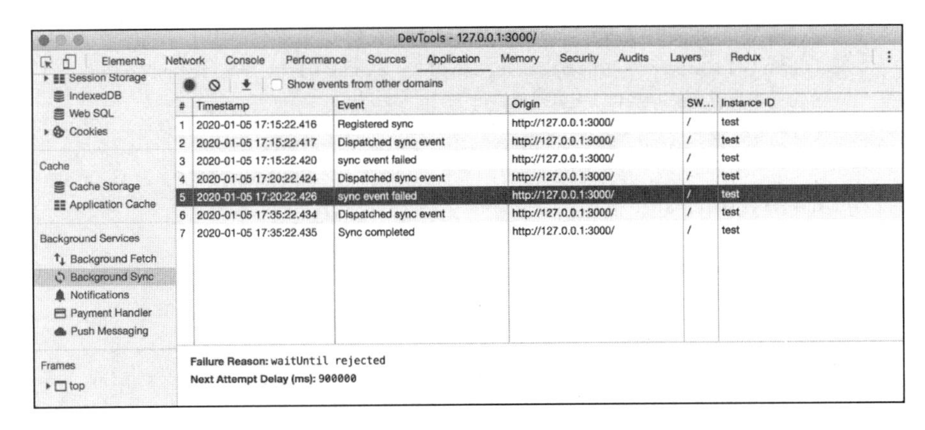

图 4-16　Background Sync 执行流程

可以看到在失败的情况下，分别以 5 分钟和 15 分钟来触发第二次和第三次 onsync 事件，最后完成 Sync。

4.4.3　使用场景

SyncManager 本身只是一个简单的 API，onsync 事件中也只有两个只读属性，所以基于 Sync 来做同步数据，比较好的方式是搭配 IndexedDB 来实现，下面两个场景也是基于 IndexedDB 的。

1. 完全 Sync 化的数据请求场景

这种场景下，相关场景的数据请求先写入 IndexedDB 中，然后注册 Sync，在 onsync 中根据相关 tag 来处理 IndexedDB 中的数据请求。下面是一个聊天应用的场景，代码如下：

```
// index.js
btnSend.addEventListener("click", () => {
  // 聊天消息存入数据库
  db.add("chatList", { msg, time, useId }).then(() => {
    navigator.serviceWorker.ready.then(swReg => {
      swReg.sync.register("send_chat"); // 注册发送消息的 sync tag
    });
  });
});

// sw.js
self.addEventListener("sync", e => {
  e.tag == "send_chat" &&
    e.waitUntil(
      db
```

```
            .getAll("chatList") // 取待发送的聊天消息
            .then(allData => Promise.all(allData.map(data => fetch(data))))
            // 发送完成后，sync tag 完成
        );
});
```

流程图如图 4-17 所示。

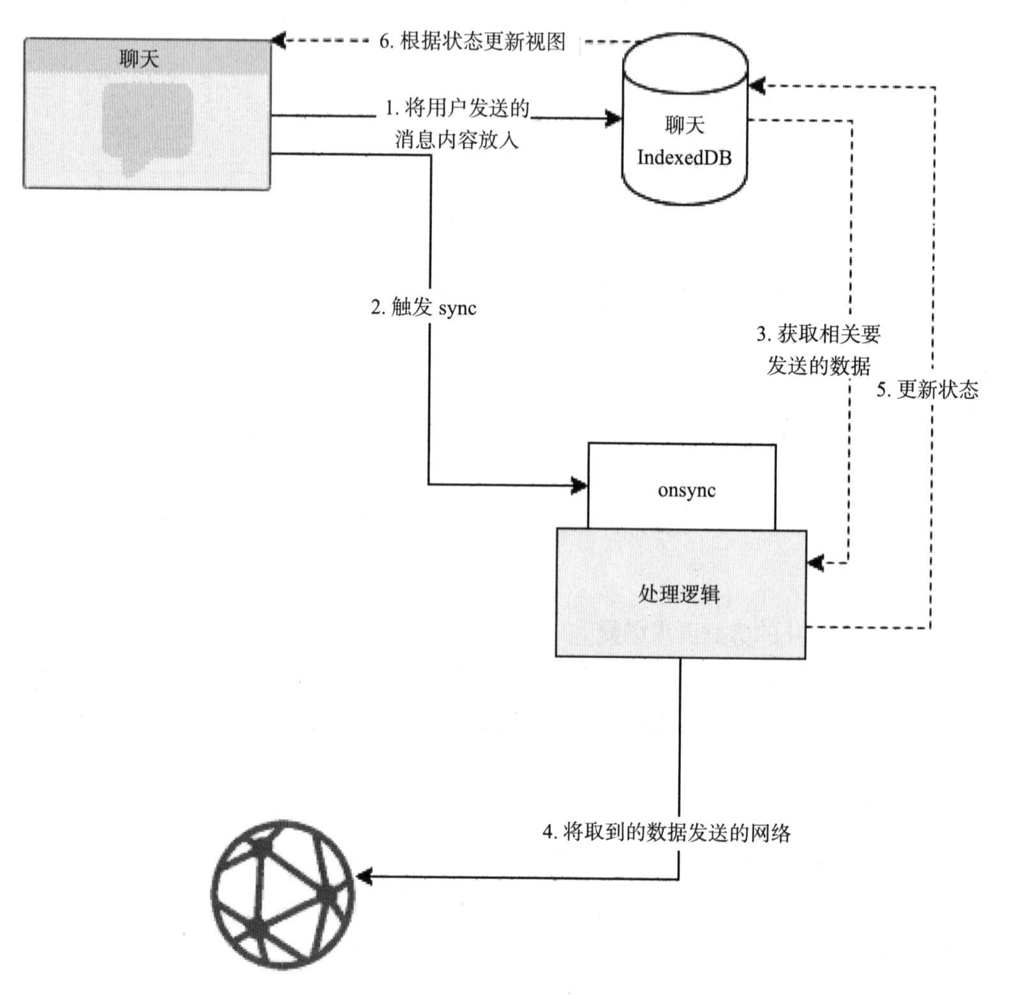

图 4-17　聊天消息流程图

2. 失败请求的 Sync 化场景

这个场景可以针对某些特定请求，先让它正常发送网络请求，如果失败，则将失败

的请求放到相关的 IndexedDB 中，并设定这条网络请求可尝试的有效期，有效期内均会重试。

关于 Sync 的周期上面也介绍过，在 Chrome 下最多尝试三次，本场景下的这种需求，需要相关的 Sync tag 一直处于可用状态，所以需要对这一层进行修改以满足需求。

下面使用点赞的场景，代码如下：

```
// index.js
btnLike.addEventListener("click", () => {
  fetch(data).catch(e => {
    db.add("likeList", { data, lastTime: 12938749138 }); // 有效期时间戳
    navigator.serviceWorker.ready.then(swReg => {
      swReg.sync.register("like");
    });
  });
});

// sw.js
self.addEventListener("sync", e => {
  if (e.tag == "send_chat") {
    e.waitUntil(
      new Promise.then(async (res, rej) => {
        while (db.get("likeList")[0]) {
          const data = db.get("likeList")[0];
          try {
            if (data.lastTime > Date.now()) {
              db.remove("likeList", data);
            } else {
              await fetch(data);
              db.remove("likeList", data);
            }
          } catch (err) {
            if (e.lastChance == true) {
              // 如果是最后一次尝试机会，则重新注册，注册后保证一直有效
              self.registration.sync.register("like");
            }
          }
        }
      })
    );
  }
});
```

流程图如图 4-18 所示。

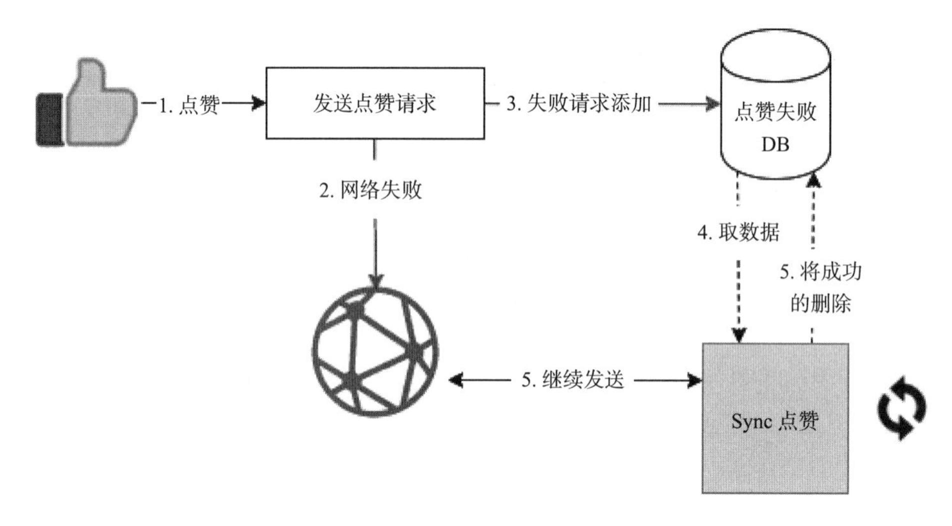

图 4-18　点赞流程

4.5　Cache 离线存储

目前浏览器的存储机制有很多，如 IndexedDB、LocalStorage、SessionStorage、File System API、ApplicationCache，等等，那为什么又制定了一套 Cache API 呢？对比其他存储机制，它有什么优势？

4.5.1　简介

Cache API 是一套搭配 PWA Service Worker 赋能的存储机制，来实现请求数据离线功能。与 ApplicationCache 相似，Cache API 提供了力度极细的存储控制能力，内容完全由脚本控制，Cache 的存储与 HTTP 缓存也是完全隔离的，常在 Service Worker 中搭配 Fetch 使用。

Cache API 与其他存储的主要区别如下：

- Cache 存储也是由键值对组成，主要用来存储流式数据，Request 为键，Response 为值。而 IndexedDB 基于结构化克隆存储，无法存储流式数据，转化成本偏高，增加内存的使用。
- Cache 存储是异步化的，符合 Service Worker 的要求。

Cache 主要涉及两个接口：CacheStorage 接口和 Cache 接口。

4.5.2 CacheStorage

CacheStorage 用于管理 Cache 接口对象，window 环境和 ServiceWorkerGlobalScope 环境均可使用，如下：

```
ServiceWorkerGlobalScope.caches
window.caches
```

1. 方法

CacheStorage 包含以下方法。

- open：打开或者创建名为 cacheName 的 Cache 接口对象实例。

  格式：

  ```
  Promise<Cache> caches.open(cacheName)
  ```

- delete：删除名为 cacheName 的 Cache 对象实例。如果存在并删除则返回 true，如果未找到则返回 false。

  格式：

  ```
  Promise<Boolean> caches.delete(cacheName)
  ```

- keys：返回 CacheStorage 下所有 Cache 对象实例名称的数组。

  格式：

  ```
  Promise<Array<String>> caches.keys()
  ```

- has：查看 CacheStorage 下是否存在 cacheName 的 Cache 对象实例。

  格式：

  ```
  Promise<Boolean> caches.has(cacheName)
  ```

- match：用于搜索 CacheStorage 下所有 Cache 匹配的 Request，找到后立即返回相应的 Response，并停止匹配；未找到则返回 undefined。

  格式：

  ```
  Promise<any> caches.match(requestInfo, option?)
  ```

  参数：

  - requstInfo：要匹配的请求。可以是 URL 字符串或者 Request 对象。
  - option：可选，包含以下属性。
    - ignoreSearch：布尔值，默认为 false。匹配时，是否忽略 url 的查询参数。
    - ignoreMethod：布尔值，默认为 false。为 true 时同时匹配 GET 和非 GET 请求。
    - ignoreVary：布尔值，默认为 false。为 true 时忽略 Vary 头匹配。

➢ cacheName：字符串。用于限定搜索的范围，指定 Cache。如果不设置则全局搜索，查找到第一个，立即返回。

2. 实现

一个域名浏览器只会创建一个 CacheStorage，底层会创建相应的目录，相关的 Cache 会被存储在该目录下。缓存条目以一种新的缓存后端 (very simple backend) 进行存储，这种结构将缓存条目作为单独的文件并加入索引实现。整体结构如图 4-19 所示。

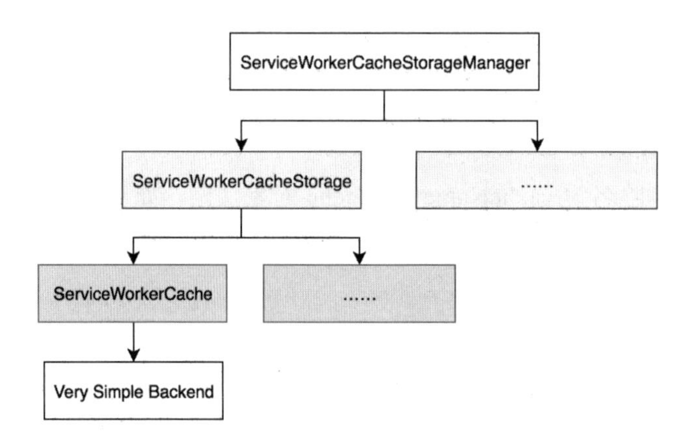

图 4-19　CacheStorage 关联关系

4.5.3　Cache

Cache 是 CacheStorage 的存储实现，以 Request 作为键，以 Response 作为值来进行存储。Cache 数据生成后，缓存数据将会一直存在，修改、删除操作需要通过 API 方法实现。

Cache 只能存储 Get 方法的 Request，Cache 中的添加方法进行相同请求添加时会进行覆盖操作，Request.url 相同则被视为相同的 Request。

1. 方法

Cache 包含以下方法。

- put：将指定的 request 和 response 添加到 Cache 中。

  格式：

```
Promise<void> cache.put(request, response)
```

- delete：删除指定的 request，option 与 CacheStorage.match 的 option 相同。

格式：

```
Promise<Boolean> cache.delete(request, option?)
```

- add：指定 request 或者 URL 字符串，add() 方法会自动发起请求并将响应添加到 Cache。

  格式：

  ```
  Promise<void> cache.add(request)
  ```

  可以理解为 fetch + cache.put()。对于 opaque 类型的响应不支持此方法。

- addAll：和 add() 方法类似，参数为 request 数组，可用于一次性缓存多个请求响应。

  格式：

  ```
  Promise<void> cache.addAll(requests)
  ```

- match：在当前 Cache 中匹配符合的请求，如果匹配成功则返回匹配的响应，并结束匹配。option 与 CacheStorage.match 的 option 相同。

  格式：

  ```
  Promise<any> cache.match(requestInfo, option?)
  ```

- matchAll：与 math() 方法类似，但匹配到请求后不会停止匹配，会返回所有符合匹配条件的响应。

  格式：

  ```
  Promise<Array<any>> cache.match(requestInfo, option?)
  ```

- keys：返回当前 Cache 的所有键的数组，也就是 Request 数组。

  格式：

  ```
  Promise<Array<Request>> caches.keys()
  ```

2. 实现

Cache 中的键会以 SimpleEntry 的方式进行存储，SimpleEntry 实际是一个单独的文件，可以理解为 Response 的实际存储，整体结构如图 4-20 所示。

3. 实例

看一下 Cache 的相关实例。

创建 t1 Cache，并缓存“/”请求下的内容，代码如下：

```
caches.open("t1").then(cache => {
  cache.add("/");
});
```

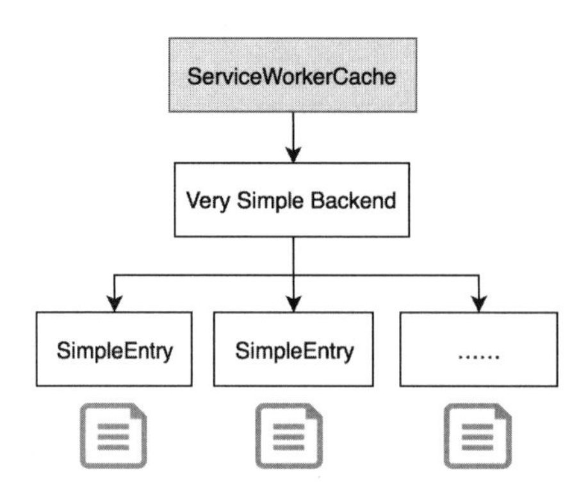

图 4-20 Cache 的存储结构

可以通过 Chrome DevTools 的 Cache Storage 面板看到缓存成功，如图 4-21 所示。

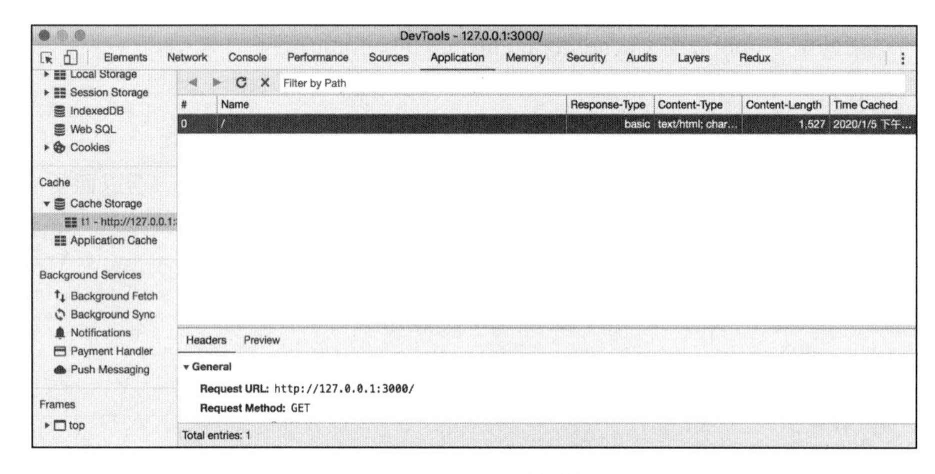

图 4-21 Cache 缓存信息

如果网络请求在缓存中匹配成功，则直接返回缓存内容，如果不成功则发送正常网络请求，代码如下：

```
self.addEventListener("fetch", e => {
  e.respondWith(
    caches.match(e.request).then(data => {
      if (data) {
        return data;
      }
      return fetch(e.request);
    })
  );
});
```

4.5.4　缓存空间问题

Web 的离线存储方式有三种，分别是：

- Temporary：临时缓存。
- Persistent：持久缓存。
- Unlimited：无限制缓存。

而 Cache 属于 Temporary 类型。Temporary 存储是一种临时存储，任何 Web 应用程序都可以在没有前期配额请求或用户提示的情况下使用，但存储的数据可以被浏览器随时删掉，例如占用空间过多时浏览器会自动清理。可以类比于文件系统的 /tmp 目录。

在 Chrome 中可以使用 storage API 进行持久化授权申请，代码如下：

```
navigator.storage.persist().then(isGranted => {
    // true : 授权
})
```

各浏览器的离线空间如下：

- Chrome：小于可用空间的 6%。
- Firefox：小于可用空间的 10%。
- Safari：小于 50MB。
- IE10：小于 250MB。
- Edge：共用磁盘空间。

空间溢出处理策略如下：

- Chrome：空间用完后采用 LRU 算法清理。
- Firefox：空间用完后采用 LRU 算法清理。
- Safari：不做处理。
- Edge：不做处理。

4.5.5　opaque 响应缓存问题

对于采用 mode:no-cors 的不允许跨域的跨域请求，Response 的类型为 opaque，也称为不透明响应。这种类型的响应也是可以通过 put 方法进行缓存的，但是会存在一定问题，不建议对这种类型的响应进行缓存。

因为这类响应的 status 是 0，body 也是不可读的，所以并不能确认响应的完整性及正确性，所以缓存下来也是无法查看其长度和内容的。

例如，我们对一个不允许跨域的响应进行缓存，代码如下：

```
caches.open("cache1").then(cache => {
  const req = new Request("https://github.com", {
    mode: "no-cors"
  });
  fetch(req).then(res => cache.put(req, res));
});
```

执行后，我们可以发现缓存的 opaque 响应的内容长度为 0，如图 4-22 所示。

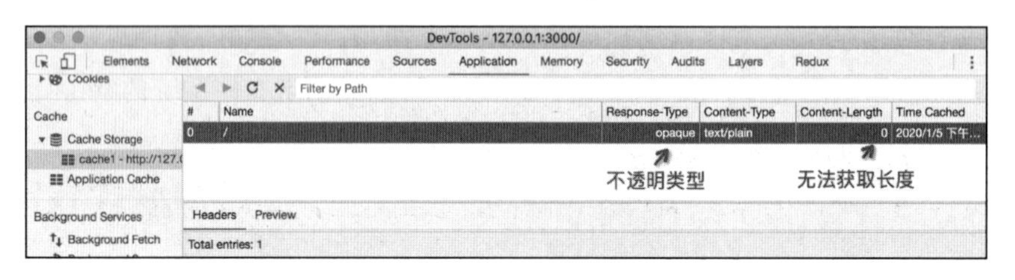

图 4-22　查看缓存的 opaque 响应

更奇怪的是，我们缓存的实际响应大小为 2.3KB，但 Cache 中却按照 8MB 进行了存储，如图 4-23 所示。

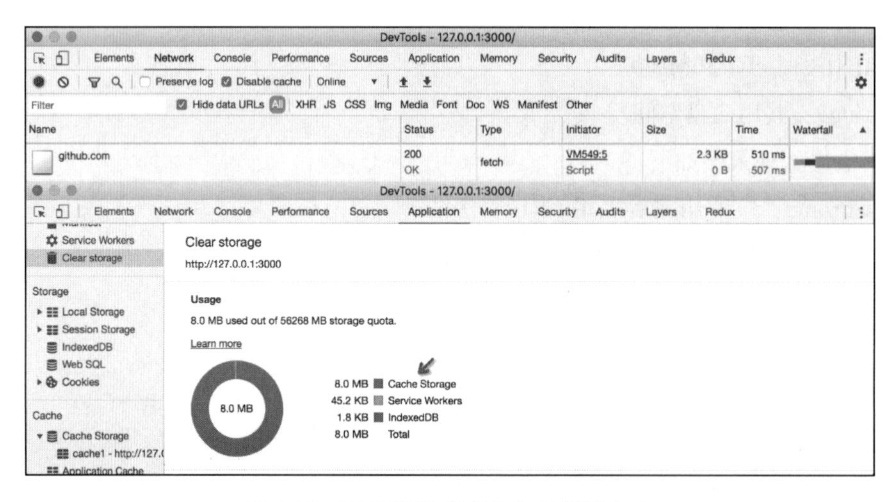

图 4-23　对比实际响应大小和存储大小

为什么会这样呢？其实这是由于 Chrome 浏览器也对这种响应做了一层数据填充，来保证不透明响应的数据安全性。所有的 opaque 类型的响应都会进行数据填充，可想而知这样会带来大量存储空间的浪费，所以针对这种类型的响应有如下建议：

- 不进行 opaque 类型的响应缓存。
- 对 opaque 类型的响应添加 Access-Control-Allow-Origin 头来实现允许跨域。

4.6　Push 消息推送

很多时候，原生应用会通过一些消息推送来唤起用户的关注，增加驻留率。而推送能力也是 Web 与原生应用的最大差别。那 PWA 中有没有类似原生应用的推送机制？它又该如何使用呢？

4.6.1　简介

目前 W3C 中的 Push 相关 API 可以为 Web 页面提供推送能力。这种推送能力无须关注用户是否开启了这个页面，也无须关心浏览器是否处于打开状态，只要向消息服务器发送通知，它就会及时地向用户终端发送通知，由 Service Worker 进行监听和处理。

4.6.2　接口

Push 主要涉及以下 3 种接口类型对象：

- PushManager：主要用于推送服务器的订阅和订阅信息的获取等。
- PushSubscription：订阅成功后的对象，主要用于获取订阅信息。
- PushMessageData：push 事件推送的消息对象。

1. PushManager 接口

PushManager 接口用于管理 Push 的基本状态，包括消息服务器订阅、获取订阅状态、授权状态，等等。

（1）获取

ServiceWorkerRegistration 接口对象中包含了对 PushManager 的引用，window 环境中获取方式如下：

```
navigator.serviceWorker.ready.then(swReg => {
  swReg.pushManager // pushManager
})
```

（2）方法

PushManager 接口包含以下方法。

- subscribe：主要用于与推送服务器通信并订阅推送服务。返回一个 Promise 形式的 PushSubscription 对象，可用于获取订阅信息。

格式：

```
Promise<PushSubscription> subscribe(option)
```

参数 option 包含以下属性：

- userVisibleOnly：布尔值，表示返回的推送订阅消息是否为用户可见的。在订阅时必须设置为 true，当有消息推送给用户时，浏览器会展示一个消息通知，也代表订阅前必须获得通知权限。
- applicationServerKey：用于推送服务器鉴别订阅用户的应用服务，并用确保推送消息发送给哪个订阅用户。applicationServerKey 是一对公私钥。私钥用服务器保存，公钥交给浏览器，浏览器订阅时将这个公钥传给推送服务器，这样推送服务器可以将公钥和用户的 PushSubscription 绑定。可使用 P-256 曲线上实现的椭圆曲线数字签名（ECDSA）来生成。这里要求采用 Unit8 的数组类型，所以需要将应用服务器提供的 Base64 的公钥进行转化来使用。

根据 userVisibleOnly 的设置，当接收到推送对用户不可见时，浏览器会自动推送一条通知消息，如图 4-24 所示。

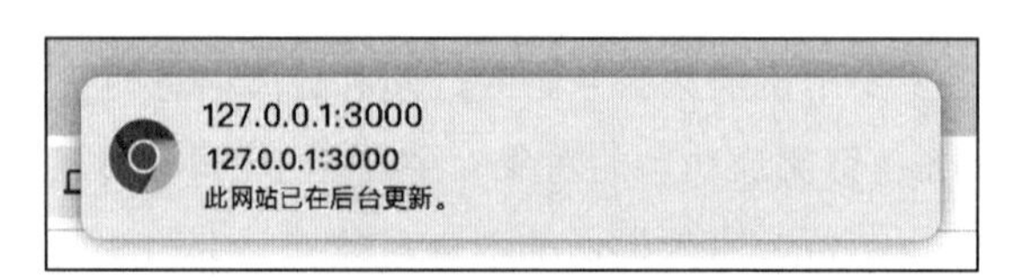

图 4-24　收到推送时的提示

将 Base64 的公钥转换为 Unit8Array，如下所示：

```
function base64UrlToUint8Array(key) {
  const padding = "=".repeat((4 - (key.length % 4)) % 4);
  const base64 = (key + padding).replace(/\-/g, "+").replace(/_/g, "/");

  const raw = window.atob(base64);
  const buffer = new Uint8Array(raw.length);

  for (let i = 0; i < raw.length; ++i) {
    buffer[i] = raw.charCodeAt(i);
  }
  return buffer;
}
```

- getSubscription：用于获取当前的订阅信息，如果有则返回订阅 Pushbscription 接口对象；如果无则返回 null。可以以此来判断是否进行订阅。

格式：

```
Promise<PushSubscription?> getSubscription()
```

- permissionState：用于获取推送的通知授权状态，可以理解为 Notification.permission，两者结果一致。

  格式：

  ```
  Promise<PushPermissionState> permissionState(option)
  ```

  参数 option 与 PushManager.subscribe() 的 option 一样。不过这个方法要求传入的 option 中必须传入 userVisibleOnly:true，否则报错。

  返回的 PushPermissionState 包含如下值：

  - granted：用户已授权 Push 通知权限。
  - denied：用户已拒绝 Push 推送权限。
  - prompt：浏览器需要询问用户来授权 Push 通知权限。

2. PushSubscription 接口

PushSubscription 接口对象是订阅完成后的订阅信息，该接口可用于获取订阅信息和注销推送订阅。

（1）属性

PushSubscription 接口对象包含以下属性。

- endpoint：订阅信息中的推送服务器地址。
- expirationTime：推送消息的过期时间。为 null 则表示不过期。
- options：返回 PushManager.subscribe() 订阅时的 option。

（2）方法

PushSubscription 接口对象包含以下方法。

- unsubscribe：用于注销推送订阅。注销成功则返回 Promise 类型的值为 true。可用于同步到应用服务器来删除相应订阅条目。

  格式：

  ```
  Promise<boolean> unsubscribe()
  ```

- toJSON：将订阅信息转化为 JSON 对象。结构如下：

  ```
  {
      endpoint: "https://fcm.googleapis.com/fcm/send/xxx:zzzzzzzzz"
  ```

```
    expirationTime: null
    keys: {
        auth: "xxxx-zzzz"
        p256dh: "BasdfasdfasdfasdffsdafasdfFMRs"
    }
}
```

- getKey：查找可用于加密和认证的密钥信息。

  格式：

  ```
  ArrayBuffer getKey(name)
  ```

  参数 name 有以下可用值：

  - p256dh：用于查找订阅信息中的 P-256 ECDH 公钥。
  - auth：用于查找订阅信息中的身份验证密钥。

3. PushMessageData

PushMessageData 为 push 事件的数据接口类型。事件需要通过 ServiceWorkerGlobalScope.onpush 进行监听，通过 PushEvent.data 获取。

接口方法均为同步方法，用于对推送的消息数据进行转换：

- arrayBuffer()
- blob()
- json()
- text()

4. Push 事件

Push 相关事件需要在 ServiceWorkerGlobalScope 中进行监听，主要有以下事件。

- onpush：当消息服务器向用户端发送消息时，浏览器会激活相应的 Service Worker 线程并触发 onpush 事件。可以通过 PushEvent.data 来获取数据。
- onpushsubscriptionchange：当订阅信息发生改变时，会触发 onpushsubscriptionchange 事件。如订阅服务器设置的订阅到期，则会触发此事件。发生此事件时需要将新的订阅消息发送给应用服务器来更新数据。

5. 接口关系

Push 的接口关系如图 4-25 所示。

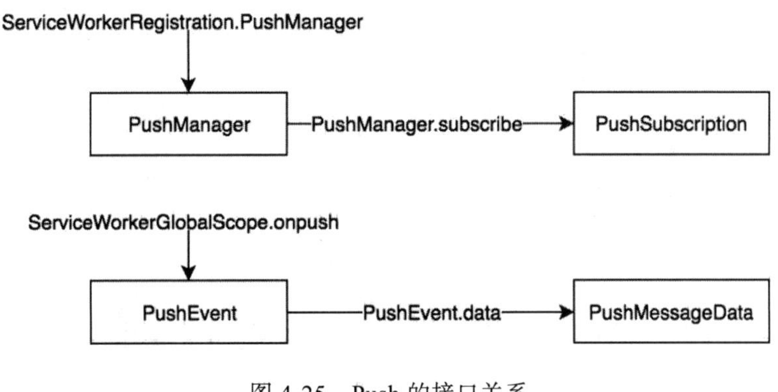

图 4-25　Push 的接口关系

4.6.3　订阅实现

下面介绍浏览器、应用服务器和浏览器的消息推送服务器的实现。

1. 浏览器端订阅

首先需要有一个应用服务器的公钥，通过公钥和浏览器的用户通知得到授权，然后由浏览器向关联的消息推送服务器进行订阅，获取包含消息推送服务器的信息，最后将这些信息发送到应用服务器进行保存。当要推送消息时，读取应用服务器保存的订阅信息，逐个发送推送消息就可以了。代码如下：

```
navigator.serviceWorker.ready.then(swReg => {
  swReg.pushManager
    .subscribe({
      userVisibleOnly: true,
      applicationServerKey: urlB64ToUint8Array("xxxxxxxxxxxxxxx")
    })
    .then(pushSubscription => {
      // 将订阅信息发送到你的应用服务器
      fetch("https:// 你的应用服务器 ", {
        method: "post",
        body: JSON.stringify(pushSubscription.toJSON())
      });
    })
    .catch(e => {
      console.log(" 订阅失败 ", e);
    });
});
```

流程如图 4-26 所示。

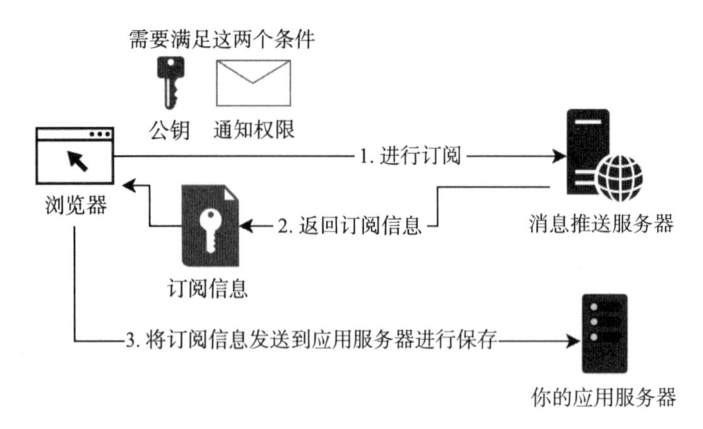

图 4-26　浏览器订阅流程

注意，消息服务器是由浏览器自行指定的，开发者不需要关心。

2. 应用服务器端发送

当要推送消息的时候，需要你的应用服务器获取订阅信息后，按照 Web Push 协议将消息发送到订阅信息中的消息推送服务器即可，无须关心浏览器端。流程如图 4-27 所示。

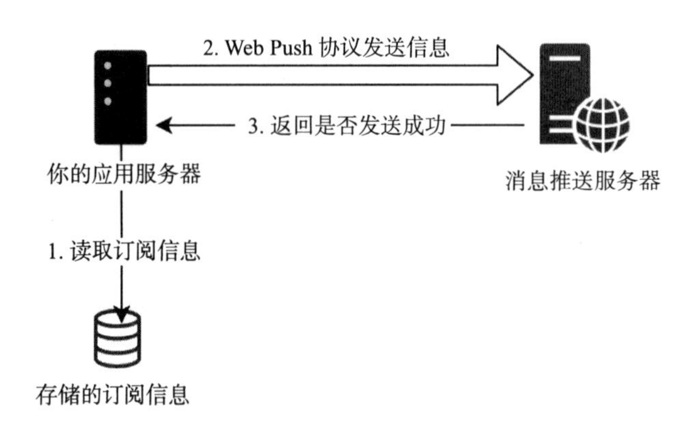

图 4-27　应用服务器端流程

3. 浏览器端接收

消息推送服务器收到消息后会进行校验，通过后会向订阅的浏览器客户端进行消息推送。此时你不需要关心订阅的网页和浏览器是否运行，因为终端系统会有消息进程对此进行处理（不同系统有差异）。首先会与浏览器进行通信，然后浏览器唤醒相应的

Service Worker 线程并触发 onpush 事件，完成推送消息传递。Service Worker 可以将推送的消息通过 Notification API 进行展示。代码如下：

```
// Service Worker 环境
self.addEventListener("push", event => {
  // 我们传递的 json 字符串 {"title":" 标题 ","body":" 消息内容 "}
  const data = event.data.json();

  if (!(self.Notification && self.Notification.permission === "granted")) {
    return;
  }
  self.registration.showNotification(data.title, {
    body: data.body
  });
});
```

流程如图 4-28 所示。

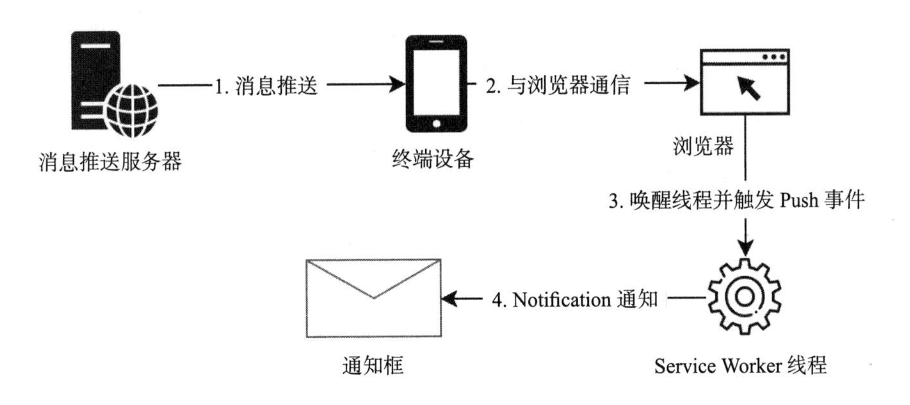

图 4-28　浏览器端接收流程

可以使用 Chrome DevTools 中的 Push Messaging 面板来查看，如图 4-29 所示。

DevTools - 127.0.0.1:3000/

Elements　Network　Console　Performance　Sources　Application　Memory　Security　Audits　Layers　Redux

Cache Storage
Application Cache
Background Services
Background Fetch
Background Sync
Notifications
Payment Handler
Push Messaging
Frames

Show events from other domains

#	Timestamp	Event	Origin	SW...	Instance ID
1	2020-01-06 19:11:18.350	Push message received	http://127.0.0.1:3000/	/	0:1578309078211562%cc9b4fac...
2	2020-01-06 19:11:18.350	Push event dispatched	http://127.0.0.1:3000/	/	0:1578309078211562%cc9b4fac...
3	2020-01-06 19:11:18.352	Push event completed	http://127.0.0.1:3000/	/	0:1578309078211562%cc9b4fac...

图 4-29　Push Messaging 面板

4.6.4 推送协议

首先我们看一下应用服务器与消息推送服务器的交互细节，如图 4-30 所示。

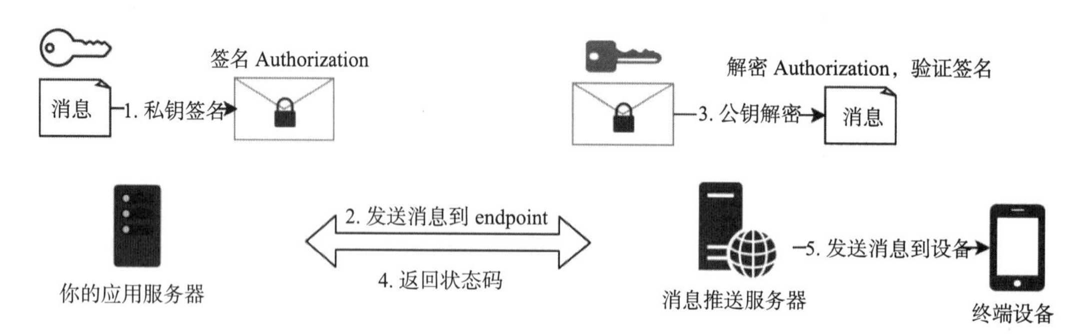

图 4-30 消息的签名验证

推送协议要求发送消息时创建一个 Authorization 的 header。Authorization 由私钥进行加密。消息推送服务器收到消息后通过订阅信息中的公钥进行 Authorization 的解密，验证消息的合法性。验证通过则向终端发送消息。

消息推送服务器的返回状态码含义如表 4-4 所示。

表 4-4 消息推送服务器的返回状态码及说明

状态码	描述
201	收到并接受发送推送消息的请求
429	请求过多，意味着应用程序服务器已经达到了推送服务的速率限制。推送服务会包括 Retry-After 标头，来指示在下一个请求发出之前等多长时间
400	无效的请求，这通常意味着存在无效的 header 或格式不正确
404	未找到，这表示订阅已过期且无法使用。在这种情况下，应该删除 PushSubscription 订阅信息并等待客户端重新订阅用户
410	被移除，订阅不再有效，应从应用程序服务器中删除。可以通过在 PushSubscription 上调用 unsubscribe() 来重现
413	推送消息过大，应该小于 4KB

1. Authorization 签名逻辑

Authorization 采用 JWT（JSON web token）方式签名。JWT 结构如图 4-31 所示。

图 4-31 JWT 格式

JWT 信息部分必须包含此签名用的算法及 "type":"jwt"，如下面的结构：

```
{
  "typ": "JWT",
  "alg": "ES256"
}
```

JWT 数据部分，提供有关 JWT 的发送者、目标用户及有效时间等信息，包含以下属性：

- aud：推送服务器的地址。
- exp：签名过期时间，单位秒，必须不大于 24 小时。
- sub：必须是 URL 或者邮箱地址，用于推送服务器联系发送人。

示例代码如下：

```
{
  "aud": "https://xxx.push-server.com",
  "exp": "1469632224",
  "sub": "mailto:xxx@contact.com"
}
```

JWT 签名部分是取 JWT 信息部分和 JWT 数据部分的字符串，拼接中间用 “.” 连接的字符串，通过私钥进行签名生成的。Node.js 可以使用 jwt 库来完成签名，如下所示：

```
const header = {
  typ: 'JWT',
  alg: 'ES256'
};

const jwtPayload = {
  aud: audience,
  exp: expiration,
  sub: subject
};

const jwt = jws.sign({
  header: header,
  payload: jwtPayload,
  privateKey: toPEM(privateKey)
});
```

Authorization 在 JWT 签名的前面加上 WebPush 作为 Authorization 头的值发送给推送服务器，格式如下：

```
Authorization: 'WebPush <JWT Info>.<JWT Data>.<Signature>'
```

同时要求添加 Crypto-Key header 用来发送公钥，并需要用 p256ecdsa= 作为前缀，格式如下：

```
Crypto-Key: p256ecdsa=<URL Safe Base64 Public Application Server Key>
```

2. 关于消息部分的加密逻辑

为了保证消息的安全性，推送协议里要求对消息进行加密，且消息推送服务器无法解密，只有浏览器才能解密消息。生成的密文放在 JWT 的数据部分。

我们可以回顾一下订阅信息中的 keys 字段，如下：

```
keys: {
    auth: "xxxx-zzzz"
    p256dh: "Basdfasdfasdfasdffsdafasdf FMRs"
}
```

消息部分的加密就是结合 auth、p256dh 和消息内容作为输入值进行加密的，加密过程比较复杂。我们可以看一下应用服务器向消息推送服务器发送的请求结构，如下所示：

```
{
  'hostname': "fcm.googleapis.com",
  'port': null,
  'path':
    "/fcm/send/xxx-xx:APA9xxxxxxxxOxQF",
  'headers': {
    'TTL': 3600,
    "Content-Length": 224,
    "Content-Type": "application/octet-stream",
    "Content-Encoding": "aesgcm",
    'Encryption': "salt=lIiVRxxxxxxx2UhENA",
    "Crypto-Key":
      "dh=BG9SmSxxxxz0FW-_m9MRixxxvySbnDYNmF3Mh0d0;p256ecdsa=BDxxxosxZzSG7i_26
S1ViOGC_rBifW_U",
    'Authorization':
        "WebPush eyxxxxx9.eyxxxxxxxxxxQ.Fa3xxxxxxxH3_xSh0jnT-Cy8vGHJrwwRSRKaOcbt-
uniIYt6fA"
   },
  'method': "POST"
};
```

4.6.5 VAPID 密钥的生成

VAPID 是 Voluntary Application Server Identification 的简称，翻译过来是自主应用服务器标识。前面我们说的公钥、私钥就采用了 VAPID 规范。密钥是使用椭圆曲线迪菲–赫尔曼金钥交换的 ES256 算法生成的。

在浏览器层可以通过 Crypto API 来生成密钥，代码如下所示：

```
function generateVAPIDKeys() {
  return crypto.subtle
    .generateKey({ name: "ECDH", namedCurve: "P-256" }, true, ["deriveBits"])
    .then(keys => {
      return cryptoKeyToUrlBase64(keys.publicKey, keys.privateKey);
    });
}

function cryptoKeyToUrlBase64(publicKey, privateKey) {
  const promises = [];
  promises.push(
    crypto.subtle.exportKey("jwk", publicKey).then(jwk => {
      const x = base64UrlToUint8Array(jwk.x);
      const y = base64UrlToUint8Array(jwk.y);

      const publicKey = new Uint8Array(65);
      publicKey.set([0x04], 0);
      publicKey.set(x, 1);
      publicKey.set(y, 33);

      return publicKey;
    })
  );

  promises.push(
    crypto.subtle.exportKey("jwk", privateKey).then(jwk => {
      return base64UrlToUint8Array(jwk.d);
    })
  );

  return Promise.all(promises).then(exportedKeys => {
    return {
      public: uint8ArrayToBase64Url(exportedKeys[0]),
      private: uint8ArrayToBase64Url(exportedKeys[1])
    };
  });
}

function base64UrlToUint8Array(base64UrlData) {
  const padding = "=".repeat((4 - (base64UrlData.length % 4)) % 4);
  const base64 = (base64UrlData + padding)
    .replace(/\-/g, "+")
    .replace(/_/g, "/");

  const rawData = window.atob(base64);
  const buffer = new Uint8Array(rawData.length);

  for (let i = 0; i < rawData.length; ++i) {
```

```
    buffer[i] = rawData.charCodeAt(i);
  }
  return buffer;
}

function uint8ArrayToBase64Url(uint8Array, start, end) {
  start = start || 0;
  end = end || uint8Array.byteLength;

  const base64 = window.btoa(
    String.fromCharCode.apply(null, uint8Array.subarray(start, end))
  );
  return base64
    .replace(/\=/g, "") // eslint-disable-line no-useless-escape
    .replace(/\+/g, "-")
    .replace(/\//g, "_");
}
```

Node.js 可以直接使用 web-push 包生成密钥，如图 4-32 所示。

```
➜  ~ npm install -g web-push
➜  ~ web-push generate-vapid-keys

=======================================

Public Key:
BMCLPvAPvsVDOhKmAsVvKtt0bv8bL2nb21g_G9C0rpJq0aM8hfHOiirUNr_511CWUB0fEfvFsOyEMfaQ7smiJsU

Private Key:
snlSaay5LmraMt5l3qnFUXukDjucQRfhIAQMBGuf-_4

=======================================
```

图 4-32　使用 web-push 生成密钥

4.6.6 实例

我们使用 Node.js 作为应用服务器向消息推送服务器发送消息，Node.js 代码如下：

```
const webpush = require("web-push");

const options = {
  vapidDetails: {
    subject: "mail@you.com", // 你的联系邮箱
    publicKey: " 公钥 ",
    privateKey: " 密钥 "
  },
  TTL: 60 * 60 // 有效时间，单位为秒
};
```

```
const subscription = db.getUser("xxx"); // 从数据库取用户的订阅对象
const payload = {
  // 要发送的消息
  msg: "hellow"
};

// 发送消息到推送服务器
webpush
  .sendNotification(subscription, payload, options)
  .then(() => {})
  .catch(err => {
    // err.statusCode
  });
```

4.6.7　常见问题

下面罗列一些关于消息推送的常见问题。

1. 浏览器关闭可否收到推送

- Android 系统：Android 系统的消息机制是系统级的，系统有单独的进程去监听推送消息，收到消息就会唤醒对应的应用程序来处理这个推送消息，无论应用是否关闭。所有应用都采用这种处理方式。所以当收到浏览器的推送消息时，会唤醒浏览器，然后浏览器再去激活相应的 ServiceWorker 线程，之后触发推送事件。
- MAC 系统：MAC 系统下当打开应用后，默认关闭应用后应用实际上还在后台运行，可以通过程序坞来查看，如图 4-33 所示。

图 4-33　Mac 下的应用

可以看到未完全关闭的应用下面会有一个黑点来标志，在这种情况下，浏览器是可以收到推送消息的。如果浏览器完全关闭，则当在浏览器打开后，浏览器同样会收到通知消息（TTL 有效时间内）。

- Windows 系统：Windows 系统和 MAC 相似，但判断浏览器是否在后台运行比较复杂。

2. 对于消息推送如何在浏览器上调试查看

前面说过，可以使用 Chrome DevTools 的 Push Messaging 进行查看，也可以在 Chrome 中进入 chrome://gcm-internals/ 查看，如图 4-34 所示。

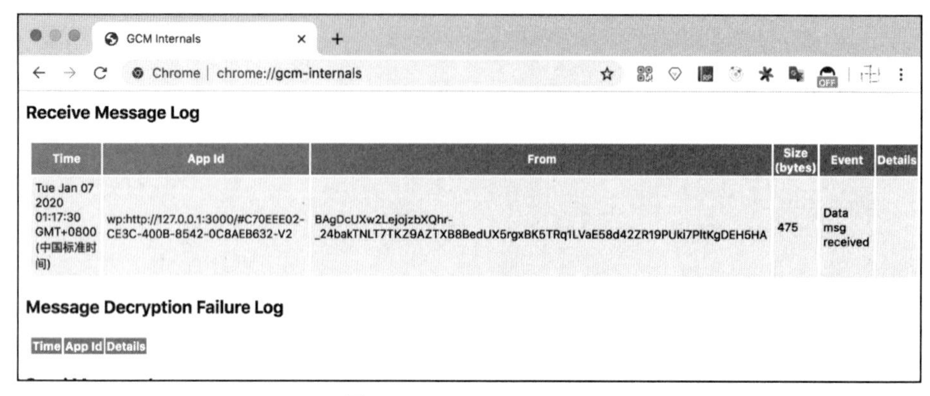

图 4-34　GCM Internals

3. Chrome 的 FCM 无法通信怎么办

前面介绍过浏览器的推送服务器都是浏览器厂商自己设置的，用户是没有配置权限的。例如，Chrome 的消息推送服务器基于 FCM，国内可能无法访问，可以尝试部署代理服务器，当然 Chrome 目前也在解决此问题。Node.js 中可以进行如下配置：

```
webpush.sendNotification(
    subscription,
    data,
    {
        ... options,
        proxy: '代理地址'
    }
)
```

目前 Microsoft Edge 基于 Chromium 开源项目开发，也是完全支持 Push 的，且推送服务器国内可正常访问，大家可以在此浏览器中尝试。

4.7　本章小结

本章篇幅较长，读完本章后你应该看到了 PWA 核心技术的一些能力。我们使用 Web 技术几乎可以和原生应用较量。是不是想马上上手试一下了？

下一章我们开始介绍配套工具。

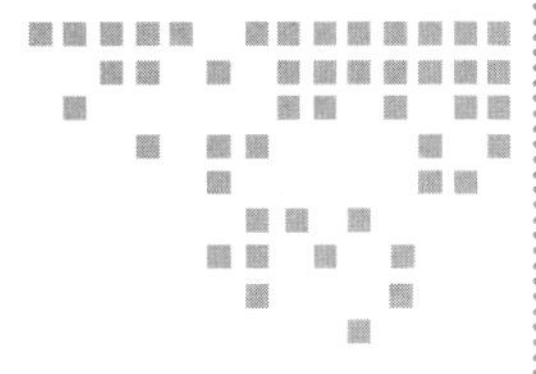

第 5 章 Chapter 5

配套工具

本章开始对 PWA 的配套工具进行介绍，主要包括 PWA 的工具箱 Workbox、离线数据库 IndexedDB、评测报告工具 Lighthouse 和主流浏览器对 PWA 的调试工具。

5.1 PWA 工具箱：Workbox

Workbox（见图 5-1）是由 Google 推出的针对 PWA 的解决方案，包含 JavaScript 库和构建工具。它汇集了一些最常用的 PWA 实践能力，可以让我们更高效地使用 PWA。工具箱包含了以下工具：

- 预缓存。
- 运行时缓存。
- 缓存策略。
- 请求路由。
- 后台同步。
- 调试。

图 5-1 Workbox 图标

5.1.1 CLI 模式

首先我们开始设置 CLI 模式，通过 Workbox 的构建工具来接入。在命令行中执行以下命令进行全局安装：

```
npm install workbox-cli@3.6.3 -g
```

1. Workbox CLI 命令

Workbox CLI 命令有 4 种命令模式：

- wizard：通过步骤向导为项目安装 Workbox。
- generateSW：生成一个完整的 Service Worker 文件。
- injectManifest：将资源注入项目的 precache 中。
- copyLibraries：复制 Workbox 库到指定目录。

（1）wizard 命令

Workbox 的 wizard 命令通过向导模式让用户选择本地网站目录和想要哪些文件。通过你的选择生成一个配置文件，默认为 workbox-config.js，用于 generateSW 命令。通常只需要运行一次 workbox wizard 命令，然后根据 workbox 的配置项按需求手动去修改 workbox-config.js 配置文件即可。执行 workbox wizard 命令，如图 5-2 所示。

```
→ workbox wizard
? What is the root of your web app (i.e. which directory do you deploy)? static/


? Which file types would you like to precache? jpg, mjs, js, json, html
? Where would you like your service worker file to be saved? static/sw.js
? Where would you like to save these configuration options? workbox-config.js
To build your service worker, run

  workbox generateSW workbox-config.js

as part of a build process. See https://goo.gl/fdTQBf for details.
You can further customize your service worker by making changes to workbox-config.js. See https://goo.gl/gVo87N for details.
```

图 5-2 wizard 命令

生成的 workbox-config.js 文件内容如下：

```
module.exports = {
  "globDirectory": "static/",
  "globPatterns": [
    "**/*.{jpg,mjs,js,json,html}"
  ],
  "swDest": "static/sw.js"
};
```

（2）generateSW 命令

通过我们前面使用 workbox wizard 命令生成的 workbox-config.js 配置文件，作为 generateSW 命令执行时的配置参数来生成 Service Worker 文件。执行命令，如下：

```
$ workbox generateSW workbox-config.js
```

可以看到生成的 sw.js 中把配置的静态资源进行了缓存，内容如下：

```
importScripts("https://storage.googleapis.com/workbox-cdn/releases/3.6.3/workbox-sw.js");

self.__precacheManifest = [
  {
    "url": "asset-manifest.json",
    "revision": "2297eee02f4ddaba9907dd505b5958c7"
  },
  {
    "url": "favicon.ico",
    "revision": "15aa342b61116634b58eaacd7e33cf1e"
  },
  ...// 其他静态资源文件
].concat(self.__precacheManifest || []);
workbox.precaching.suppressWarnings();
workbox.precaching.precacheAndRoute(self.__precacheManifest, {});
```

什么时候使用 generateSW ?

- 想预缓存文件时。
- 需要一些简单的运行配置时（例如，配置为允许你定义的路由和策略）。

什么时候不使用 generateSW ?

- 想使用一些其他的 Service Worker 特性。
- 想导入其他脚本或者添加其他逻辑。

（3）injectManifest 命令

如果想对生成的 Service Worker 更大力度地加以控制，可以使用 injectManifest 命令模式。这种命令模式需要先存储一个 Service Worker 文件作为模板文件，如 sw-tpl.js。具体值通过 workbox-config.js 进行指定，命令如下：

```
$ workbox injectManifest workbox-config.js
```

运行 workbox injectManifest 命令时，它会把 Service Worker 模板文件中的 precaching.precacheAndRoute([]) 字符串进行替换，将空数组替换为 precache 的 URL 列表，并将替换后的 Service Worker 模板文件按照 workbox-config.js 配置项中指定的目标位置进行输出。模板 Service Worker 文件中的其他代码保持不变。

什么时候使用 injectManifest ?

- 想更好地控制 Service Worker 的能力时。
- 想要对资源进行预缓存时。

- ❑ 在路由方面需要进行灵活的定制时。

什么时候不使用 injectManifest？

- ❑ 只是想简单地使用一下静态资源的预缓存能力时。

（4）copyLibraries 命令

如果你想把 Workbox 库导出来自行托管，那么可以使用这个命令，命令格式如下：

```
$ workbox copyLibraries 你要存放的目录路径
```

2. CLI 配置项

下面对 CLI 的配置项进行说明。

（1）generateSW 命令相关配置项

下面是仅在 generateSW 中使用的配置项。

- ❑ importWorkboxFrom：可选，默认为 cdn，包含以下值。
  - ❍ cdn：使用 Google Cloud Storage 上的 Workbox CDN。
  - ❍ local：不使用 Workbox 的 CDN，而是将相关文件放到本地服务器来使用。
  - ❍ disabled：关闭自动导入库文件，需要在 Service Worker 中通过 importScripts 进行导入。
- ❑ skipWaiting：可选，默认值为 false，用于设置安装 Service Worker 文件时是否应该跳过 waiting 生命周期阶段，通常与 clientsClaim 配置项一起使用。
- ❑ clientsClaim：可选，默认值为 false，用于设置 Service Worker 线程在达到 active 状态后是否立即开始控制所有现有的客户端页面。
- ❑ runtimeCaching：可选，默认为 []。数组对象中包含 urlPatterns、handlers 和一些可用的 option 属性来处理运行时缓存。其中 handler 属性的值是对应于 workbox.strategies 支持的策略名称，option 属性可在给定路由实例上配置缓存过期、缓存响应和广播缓存更新插件等。示例代码如下：

```
runtimeCaching: [
  {
    // 匹配包含 `api` 的任何同源请求
    urlPattern: /api/,
    // 应用网络优先策略
    handler: 'networkFirst',
    options: {
      // 超过 10s 使用缓存作为回退方案
      networkTimeoutSeconds: 10,
      // 为此路由指定自定义缓存名称
```

```
      cacheName: 'my-api-cache',
      // 配置自定义缓存过期
      expiration: {
        maxEntries: 5,
        maxAgeSeconds: 60,
      },
      // 配置 background sync
      backgroundSync: {
        name: 'my-queue-name',
        options: {
          maxRetentionTime: 60 * 60,
        },
      },
      // 配置哪些 response 是可缓存的
      cacheableResponse: {
        statuses: [0, 200],
        headers: { 'x-test': 'true' },
      },
      // 配置广播缓存更新插件
      broadcastUpdate: {
        channelName: 'my-update-channel',
      },
      // 添加需要的其他逻辑插件
      plugins: [
        {
          cacheDidUpdate: () => {
            /* 自定义插件代码 */
          },
        },
      ],
      // matchOptions 和 fetchOptions 用于配置 handler
      fetchOptions: {
        mode: 'no-cors',
      },
      matchOptions: {
        ignoreSearch: true,
      },
    },
  },
  {
    // 匹配跨域请求，使用以 origin 开头的正则
    urlPattern: new RegExp('^https://cors.example.com/'),
    handler: 'staleWhileRevalidate',
    options: {
      cacheableResponse: {
        statuses: [0, 200],
```

```
        },
      },
    },
  ];
```

- navigateFallback：可选，默认值为 undefined，用于创建一个 NavigationRoute，响应未预缓存的 navigation requests URL。它适用于 SPA 场景下通用的 App Shell HTML 导航请求。示例如下：

```
navigateFallback: '/app-shell'
```

- navigateFallbackBlacklist：可选，默认值为 []。这是一个可选的正则表达式数组，用于限制配置的 navigateFallback 适用的 URL。如果同时配置了 navigateFallbackBlacklist 和 navigateFallbackWhitelist，则 navigateFallbackBlacklist 优先，示例如下。

```
// 以 `/_` 开头或包含 `admin` 的 URL，加入黑名单
navigateFallbackBlacklist: [/^\/_/, /admin/]
```

- navigateFallbackWhitelist：可选，默认值为 []。这是一个可选的正则表达式数组，用于限制配置的 navigateFallback 适用的 URL。示例如下。

```
// 以 `/pages` 开头的 URL 加入白名单
navigateFallbackWhitelist: [/^\/pages/]
```

- importScripts：必填，默认会将预缓存的列表进行添加，也可以添加需要的一些 Service Worker 文件，效果同 importScripts。如添加一个 Push 相关的逻辑文件，示例如下。

```
importScripts: ['self-push.js']
```

- ignoreUrlParametersMatching：可选，默认值为 [/^utm_/]。在查找预缓存匹配前，将删除匹配此数组中正则表的值。如果有一些统计流量来源的 URL 参数，使用这个功能可以很好地解决，示例如下。

```
// 它会忽略所有参数
ignoreUrlParametersMatching: [/./]
```

- directoryIndex：可选，默认为 index.html。如果以 / 结尾的 URL 与预缓存的 URL 请求不匹配，则此值将附加到 URL 与预先缓存进行匹配，示例如下。

```
directoryIndex: 'index.html'
```

- cacheId：可选，默认为 null，用于设置 Workbox 缓存使用的名称，示例如下。

```
cacheId: 'my-app'
```

- offlineGoogleAnalytics：可选，默认为 false，用于设置是否开始 offline Google Analytics 功能。

（2）injectManifest 命令相关配置项

下面是 injectManifest 命令使用的配置项。

- swSrc：必填，用于设置 Service Worker 的模板文件，必须包含 injectPointRegexp 配置的字符串，用于替换操作，示例如下。

```
swSrc: 'sw.tpl.js'
```

- injectionPointRegexp：可选，默认值为 /(\.precacheAndRoute\()\s*\[\s*\]\s*(\))/。默认情况下，使用的 RegExp 将在 swSrc 文件中找到字符串 precacheAndRoute([])，并将 [] 数组替换为包含预先缓存的数组，示例如下。

```
// 将清单注入变量赋值中
injectionPointRegexp: new RegExp('(const myManifest =)(;)')
```

（3）两者都有的配置

下面是两个命令都使用的配置项。

- swDest：必填，用于构建完成的 Service Worker 导出路径及名称，示例如下。

```
swDest: 'dist/sw.js'
```

- globDirectory：可选，默认值为 undefined，用于设置模式目录，采用 glob 语法，示例如下。

```
// 所有模式相对于当前目录
globDirectory: '.'
```

- globFollow：可选，默认为 true，用于确保生成预缓存清单时遵循符号链接。
- globIgnores：可选，默认为 ['node_modules/**/*']，表示排除的缓存路径。
- globPatterns：可选，默认为 []，用于设置哪些文件要缓存，示例如下。

```
globPatterns: ['dist/*.{js,png,html,css}']
```

- globStrict：可选，默认为 true。如果为 true，则在生成预缓存清单出错时将导致生成失败，如果为 false，则将跳过有问题的文件。
- maximumFileSizeToCacheInBytes：可选，默认为 2097152，这个值可用于确定预缓存的文件的最大值，防止预缓存非常大的文件，示例如下。

```
// 限制最大 5MB
maximumFileSizeToCacheInBytes: 5 * 1024 * 1024
```

5.1.2 手写模式

除了上面提到的 CLI 模式外，也可以通过在 Service Worker 文件中直接引用 Workbox 库文件来使用 Workbox 的能力，如下所示：

```
// sw.js
importScripts("https://storage.googleapis.com/workbox-cdn/releases/
3.6.3/workbox-sw.js");
```

1. 开启调试

在 importScripts workbox 库文件后，加入以下代码可以开启调试：

```
// sw.js
workbox.setConfig({
  debug: true
});
workbox.core.setLogLevel(workbox.core.LOG_LEVELS.debug);
```

开启后，在控制台中可以看到详细的请求处理信息，如图 5-3 所示。

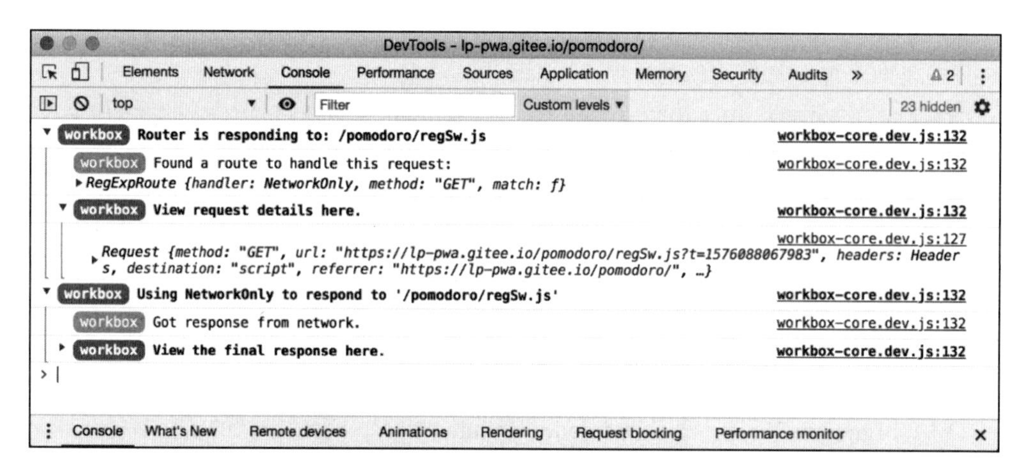

图 5-3 Workbox 的调试日志

发布到线上时，将调试功能关闭，如下所示：

```
workbox.setConfig({
  debug: false
});
```

2. 跳过线程等待

一般跳过等待和立即受控一起使用，如下所示：

```
workbox.skipWaiting();
workbox.clientsClaim();
```

3. 预缓存

通常预缓存是在 Service Worker 线程安装的时候进行资源缓存操作的。预缓存的静态资源通常放在 workbox.precaching.precacheAndRoute([]) 中，可以是字符串地址，也可以是 {url: ', revision: '} 的对象。对象中的 revison 字段主要用来区分文件的唯一性，通常由 workbox-cli 工具以散列的方式生成。示例如下：

```
workbox.precaching.precacheAndRoute([
  "/styles/1.0.1/app.css",
  { url: "/index.html", revision: "238749" }
   ...// 其他地址
]);
```

对于不带版本号的静态资源，建议使用 {url:", revision:"} 对象模式，可以通过 revision 来判断资源是否变化；对于带版本号的静态资源，可以直接使用字符串地址模式。

4. 请求策略

Workbox 将常用的请求策略进行了集成，为使用者接入提供了方便。主要包括：

- workbox.strategies.cacheFirst()：缓存优先。
- workbox.strategies.networkFirst()：网络优先。
- workbox.strategies.cacheOnly()：仅缓存。
- workbox.strategies.networkOnly()：仅网络。
- workbox.strategies.staleWhileRevalidate()：上一次数据（后台缓存刷新）。

这些请求策略的方法可以传入 option 对象来做一些配置。以上方法都有以下两个 option 属性：

- cacheName：String，缓存名称。
- plugins：Object 数组，与这个策略组合使用的插件。

其他属性可以参考官方文档。

5.1.3　Workbox 路由

Service Worker 可以通过监听 onfetch 事件对页面的网络请求进行拦截，Workbox 中的 routing 模块可以轻松地将这些请求路由到提供响应的不同地方。

1. 路由执行流程

Workbox 的路由模块在 Service Worker 的 onfetch 事件中进行了监听处理，流程如图 5-4 所示。

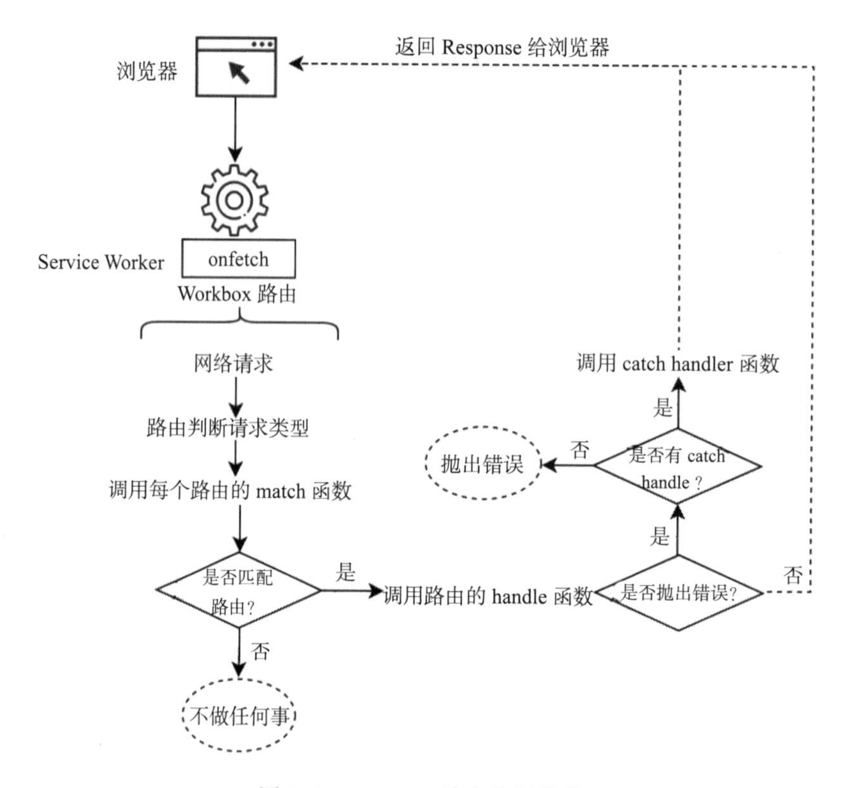

图 5-4　Workbox 路由执行流程

2. 路由注册

Workbox 路由注册使用到了 registerRoute 方法，语法如下：

```
workbox.routing.registerRoute(matchCb, handlerCb, method);
```

- matchCb：用于确定路由是否应与请求匹配的。可以是函数、正则和字符串。函数会接收一个包含 url 和 event 的对象，对象中 url 的类型是 URL，event 的类型是 FetchEvent。你可以自行进行请求的匹配，如下所示。

```
const matchCb = ({ url, event }) => {
  return url.pathname === "/url/xxx";
};
```

- handlerCb：用于处理请求并进行响应。可以手写函数或者只用 strategies 中的方法。函数会接收一个包含 url、event 和 params 的对象，对象中 url 的类型是 URL，event 的类型是 FetchEvent，params 是 matchCb 的返回值，如下所示。

```
const handlerCb = ({ url, event, params }) => {
```

```
      return fetch(event.request)
        .then(response => {
          return response.text();
        });
    };
```

- method：请求方法，值为 'GET' 和 'POST'，默认为 'GET'。

5.1.4 Workbox 插件

目前 Workbox 提供了 4 个插件：

- workbox.expiration.Plugin：设置过期。
- workbox.cacheableResponse.Plugin：响应缓存。
- workbox.broadcastUpdate.Plugin：广播更新。
- workbox.backgroundSync.Plugin：后台同步。

也可以手写插件，目前支持以下插件事件：

- CACHE_DID_UPDATE：缓存更新完成后触发的事件。
- CACHE_WILL_UPDAT：缓存将要更新时触发的事件。
- CACHED_RESPONSE_WILL_BE_USE：缓存响应将要被使用时触发的事件。
- FETCH_DID_FAI：网络请求失败时触发的事件。
- REQUEST_WILL_FETC：将要发送请求时触发的事件。

5.1.5 实例

下面看一些实际场景中的例子。

1. 仅网络

对于一些只想发送到网络的请求，可以使用仅网络的策略。例如，我们用的配置文件 config.js，代码如下：

```
// 使用正则
workbox.routing.registerRoute(
  /config\.js/,
  workbox.strategies.networkOnly(),
  "GET"
);

// 使用函数

workbox.routing.registerRoute(
```

```
  ({ url }) => {
    return url.href.includes("config.js");
  },
  workbox.strategies.networkOnly(),
  "GET"
);
```

2. 缓存优先

对于一些静态资源，如 css、js 等，我们希望无缓存时，从网络获取，有缓存时，从缓存获取，那么可以使用缓存优先策略。代码如下：

```
workbox.routing.registerRoute(
  /.+\.(js|css)$/i,
  workbox.strategies.cacheFirst({
    cacheName: "res" // 为缓存指定名字
  }),
  "GET"
);
```

同样可以使用插件来限制缓存的数量及有效时间，以及超出后是否清除不符合条件的缓存，代码如下：

```
workbox.routing.registerRoute(
  /.+\.(js|css)$/i,
  workbox.strategies.cacheFirst({
    cacheName: "res",
    plugins: [
      new workbox.expiration.Plugin({
        maxEntries: 60, // 最多 60 个文件
        maxAgeSeconds: 24 * 60 * 60 * 7, // 最长 7 天
        purgeOnQuotaError: true
      })
    ]
  }),
  "GET"
);
```

3. 缓存非 2xx 的请求

有一些请求资源是跨域的，拦截的时候状态码是 0，这种请求是无法进行缓存的，需要使用 workbox.cacheableResponse.Plugin 插件，代码如下：

```
workbox.routing.registerRoute(
  /.+\.(js|css)$/i,
  workbox.strategies.cacheFirst({
    cacheName: "res",
    plugins: [
      new workbox.cacheableResponse.Plugin({
```

```
        statuses: [0, 200]
      })
    ]
  }),
  "GET"
);
```

当然非常不建议缓存这种状态为 0 的不透明请求，有很大的弊端，在第 4 章介绍过。

4. 手写插件

对于有些请求，Workbox 对 Request 的 mode 设置可能存在问题，我们可以手动改成自己需要的，例如把所有的请求改为 cors 模式请求。这里采用插件模式，代码如下：

```
workbox.routing.registerRoute(
  ({ url, event }) => {
    return /\.(gif|png|jpg)$/.test(url.href);
  },
  workbox.strategies.cacheFirst({
    cacheName: "rhino-img",
    plugins: [
      {
        requestWillFetch: ({ event }) => {
          return new Request(event.request.url, {
            mode: "cors",
            credentials: "include"
          });
        }
      },
      new workbox.expiration.Plugin({
        maxEntries: 60,
        purgeOnQuotaError: true
      })
    ]
  }),
  "GET"
);
```

5. 去除时间戳

有一些请求在每次请求时会携带当前的时间戳，导致每次请求都是新的。但业务中并不需要这么实时，可能是框架层封装导致请求意外加上了时间戳。遇到这种类型的请求，又想使用 Workbox 的策略，该怎么处理？

虽然可以使用插件来修改请求，但是 Workbox 存储的 key 是原始 Request，并不是通过插件修改后的 Request。我们要实现的是覆写代表 key 的 Request。代码如下：

```
// 原地址：https://abc.com/getinfo.json?__stamp=15760865251
```

```
const getInfo = workbox.strategies.staleWhileRevalidate({
  cacheName: "api",
  plugins: [
    {
      requestWillFetch: ({ event }) => {
        return event.request.clone();
      }
    },
    new workbox.expiration.Plugin({
      maxEntries: 20,
      purgeOnQuotaError: true
    })
  ]
});
workbox.routing.registerRoute(
  /getinfo\.json/,
  Object.assign(getInfo, {
    handle: args => {
      var event = args.event;
      var _this = getInfo;

      return babelHelpers.asyncToGenerator(function*() {
        return _this.makeRequest({
          event,
          request:(() => new Request(removeQs(event.request.url, "__stamp")))()
        });
      })();
    }
  })
);

function removeQs(url, name) {
  const urlURL = new URL(url);

  if (urlURL.search.indexOf("?") !== 0) {
    return url;
  }

  const searchStr = urlURL.search
    .substr(1)
    .split("&")
    .map(item => item.split("="))
    .filter(item => {
      if (Array.isArray(name)) {
        return !name.includes(item[0]);
      } else {
        return item[0] !== name;
      }
```

```
    })
    .map(item => item.join("="))
    .join("&");

  return urlURL.href.substr(0, urlURL.href.indexOf("?") + 1) + searchStr;
}
```

5.2　离线数据库：IndexedDB

传统的存储方案中，常用的包括 cookie 和 Local/Session Storage 等，它们的使用空间是存在限制的，且不支持索引功能及离线功能，而 IndexedDB 在 Web 的存储方案中，表现出很多优势：

- 异步处理：IndexedDB 的异步化操作可以防止锁死浏览器。在进行大数据操作时，异步尤其重要。
- 兼容性好：目前主流浏览器都支持 IndexDB。
- 可用存储空间大：无存储空间限制。
- 可以存储任何类型的数据：支持写入任意类型的数据，包括二进制类型。
- 基于浏览器运行：IndexedDB 作为一个浏览器的本地数据库，不受用户的网络状况影响。
- 可创建多个数据库：在一个域下可以创建多个数据库。
- 持久化存储：IndexedDB 存储在本地空间中，通常来说数据持久存在。
- 支持事务：意味着操作的步骤中有一步出错，则取消事务，数据恢复到事务之前的状态，不存在只写入一部分数据的情况。
- 键值对存储：数据是以键值对进行存储的，且每一条数据有一个主键，并且主键是唯一的。

由于 Service Worker 只能使用异步的 API，所以像 Local Storage 等同步 API 是无法使用的，IndexedDB 是非常理想的存储方案。

5.2.1　接口

IndexedDB 抽象出了如下接口：

- IDBFactory：主要用来操作数据库，如创建数据库、删除数据库等。window.indexedDB 对象实现了这个接口。

- IDBDatabase：数据库对象。包含当前数据库的基本信息，可以进行 ObjectStore（对象仓库）的创建 / 删除、事务的创建等。
- IDBObjectStore：对象仓库。可以理解为关系型数据库中的表。包含数据仓库的基本信息，可以进行对象仓库的数据查看 / 添加 / 删除 / 更新 / 清空、索引的创建、记录的统计等。
- IDBIndex：索引。可用于检索数据，可以为不同字段创建索引。
- IDBCursor：记录游标，通过游标来遍历索引数据。
- IDBKeyRange：用作创建游标时的范围限制条件。
- IDBOpenDBRequest：打开数据库返回的接口类型。包含 upgradeneeded、success、error 事件，可以通过 result 属性获取 IDBDatabase。
- IDBTransaction：事务操作。
- IDBVersionChangeEvent：upgradeneeded 的事件接口。可以获取新旧版本信息。

它们之间的关系如图 5-5 所示。

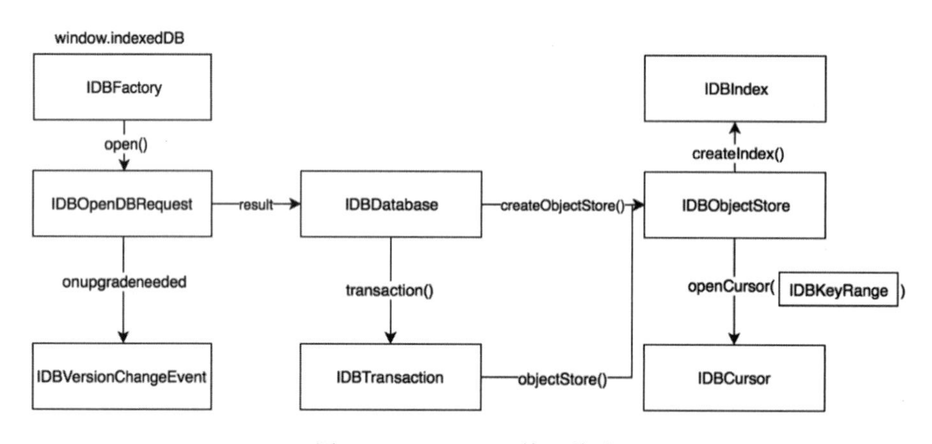

图 5-5 IndexedDB 接口关系

5.2.2 操作

IndexedDB 有以下常用操作。

1. 创建数据库

创建数据库使用 IDBFactory 接口，此接口包含以下方法：

- open(name, version)：打开数据库，若没有，则创建一个。

- ❑ deleteDatabase(name)：删除数据库。
- ❑ cmp(first, second)：比较两个键的大小关系的方法。
- ❑ databases()：获取当前域下的所有数据库。

我们可以通过 IDBFactory.open() 方法打开数据库或创建数据库，并返回 IDBOpenDBRequest 接口。IndexedDB 和 Service Worker 文件有类似的版本控制需求，当版本发生变化时，触发更新事件，可以进行一些更新数据库结构的操作。例如，创建 db1 数据库，如下所示：

```
window.indexedDB.open("db1",  1); // IDBOpenDBRequest
```

创建结果如图 5-6 所示。

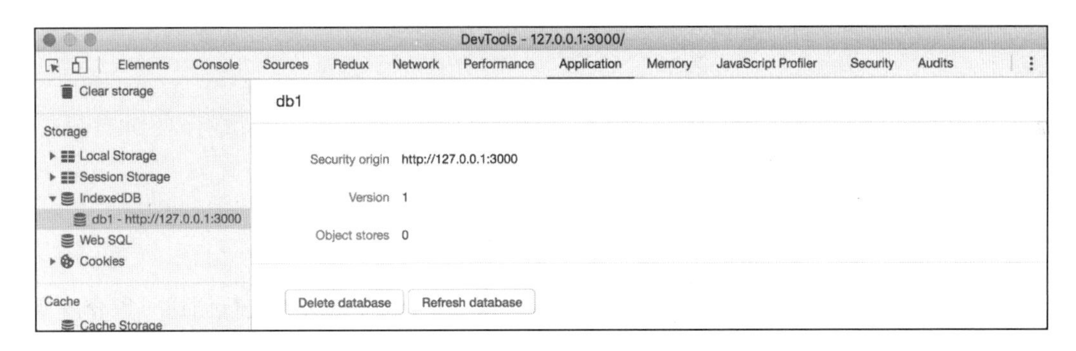

图 5-6　创建 db1 数据库

2. 获取数据库

打开数据库后，会返回 IDBOpenDBRequest 接口对象，接口对象包含如下属性和事件：

- ❑ 属性
  - ❍ result：获取 IDBDatabase 接口对象。
  - ❍ readyState：请求的状态，从 pending 到 done。
  - ❍ source：请求来源。open() 打开的 source 为 null。
  - ❍ error：请求失败的错误信息。
  - ❍ transaction：请求的事务。
- ❑ 事件
  - ❍ onsuccess：请求成功后的事件，可在该事件中读取 result 属性。
  - ❍ onupgradeneeded：当版本更新时触发的事件，数据库的结构改变在该事件中处理。

- onerror：请求错误的事件。
- onblocked：在当前数据库打开的状态下，再打开一个版本更高的数据库进行 blocked 时的事件。

获取数据的代码如下所示：

```
let db = null;
const openReq = window.indexedDB.open("db1", 1);

openReq.onerror = () => {
  console.log("error", openReq.error);
};

openReq.onsuccess = () => { // 如果版本未发生变化，则触发此事件
  db = openReq.result; // 获取 IDBDatabase 接口对象
};

openReq.onupgradeneeded = e => {
// 如果版本发生变化，则触发此事件，在此事件中进行数据库结构的修改
  db = e.target.result; // 获取 IDBDatabase 接口对象
};
```

3. 创建对象仓库（数据表）

创建对象仓库需要用到 IDBDatabase 的接口，通过此接口对象进行创建对象仓库操作，该接口对象包含：

- 属性
  - name：数据库的名称。
  - version：数据库版本。
  - objectStoreNames：当前数据库中的对象仓库名称列表。
- 方法
  - createObjectStore(name, options)：创建一个对象仓库（数据表）。name 是名称，在 options 中可以通过 keyPath 指定主键名称，使用 autoIncrement 设置主键值自动生成。
  - deleteObjectStore(name)：删除对象仓库。
  - transaction(storeNames, mode)：创建事务。storeNames 为要操作的对象仓库的名称，有多个时使用数组，单个时可以使用字符串。mode 为事务的访问类型，包括 readonly、readwrite。
  - close()：关闭数据库连接。

❑ 事件

❍ onabort：数据库中断事件。

❍ onclose：数据库意外关闭事件。

❍ onerror：数据库错误事件。

❍ onversionchange：数据库结构发生改变事件。

创建对象存储代码如下：

```
let db = null;
const openReq = window.indexedDB.open("db1", 2); // 递增版本，触发更新事件

openReq.onupgradeneeded = e => {
  db = e.target.result;
  // 主键名称设置为 id，并自动生成值
  db.createObjectStore("table1", { keyPath: "id", autoIncrement: true });
};
```

可以看到上面代码创建了 table1 对象仓库，如图 5-7 所示。

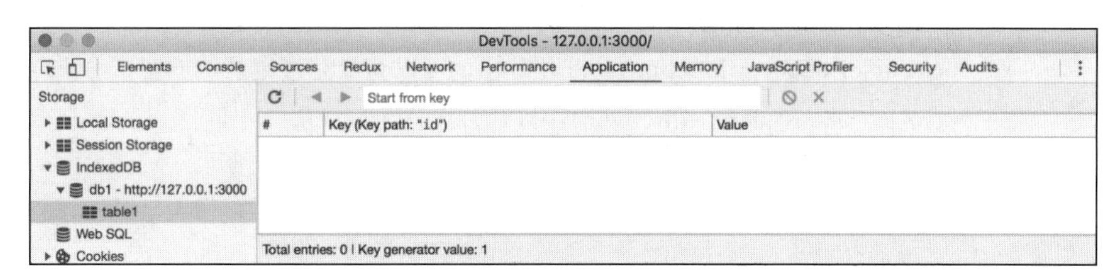

图 5-7 创建 table1 对象仓库

4. 向对象仓库中添加数据

向对象仓库中添加数据将用到 IDBObjectStore 接口对象的能力，接口包含的属性和方法如下：

❑ 属性

❍ indexNames：当前对象仓库的索引名称列表。

❍ keyPath：关键路径。

❍ name：对象仓库名称。

❍ transaction：对象仓库事务引用。

❍ autoIncrement：是否自动生成主键。

❑ 方法

❍ add(value, key)：添加数据。当 autoIncrement 为 true 时，key 可不填。

- clear()：清除对象仓库中所有数据。
- count(query)：获取符合条件的所有数据的数量。不指定 query 则获取全部数据的数量。
- createIndex(indexName, keyPath, objectParameters)：创建索引。indexName 为索引名，keyPath 为索引关键路径，建议 indexName 与 keyPath 的值相同，objectParameters 中的 unique 为 true 时索引不能重复。
- delete(key)：根据主键或者 KeyRange 删除数据记录。
- deleteIndex(indexName)：删除索引。
- get(key)：通过 key 来获取一个 IDBRequest 对象。
- getKey(key)：通过 key 来获取一个 IDBRequest 对象，结果为记录的主键。
- getAll(query, count)：获取匹配的所有对象。
- getAllKeys(query, direction)：获取匹配的所有对象主键。
- index(name)：打开指定 name 的索引。
- openCursor(query，direction)：打开游标，可以获取完整记录。
- openKeyCursor(query，direction)：打开游标，无记录值。
- put(item，key)：更新或插入数据记录。

向对象存储中添加数据，代码如下：

```
let db = null;
const openReq = window.indexedDB.open("db1", 3); // 递增版本

openReq.onupgradeneeded = e => {
  db = e.target.result;
  const objStore = db.createObjectStore("table2", {
    keyPath: "id",
    autoIncrement: true
  });

  objStore.add({ name: " 小明 ", sex: " 男 " });
};
```

可以看到上面代码创建了 table2 对象存储，并添加了数据，如图 5-8 所示。

比较方便的操作记录的方式是使用 IDBTransaction 接口对象，IDBTransaction 接口包含的属性、方法、事件如下：

- 属性
  - db：该事务关联的数据库。

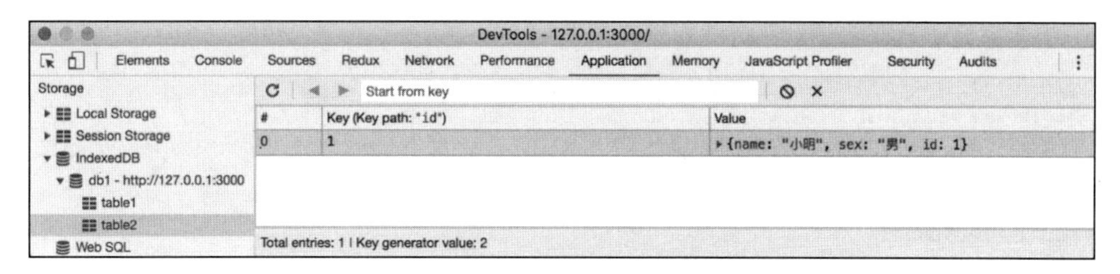

图 5-8　在 table2 中添加数据记录

- error：事务错误信息。
- mode：事务的模式。
- objectStoreNames：事务关联的对象仓库名称列表。

❑ 方法

- objectStore(name)：打开对象仓库。
- abort()：中断事务，所有本次事务的操作都恢复。
- commit()：提交事务。通常不需要这么做。事务操作完成后会自动提交。

❑ 事件

- onabort：事务中断的事件。
- oncomplete：事务提交的事件。
- onerror：事务错误的事件。

使用事务的方式添加数据，代码如下：

```
let db = null;
const openReq = window.indexedDB.open("db1", 3);

openReq.onsuccess = e => {
  db = openReq.result;

  const ts = db.transaction("table2", "readwrite");
  const os = ts.objectStore("table2");

  os.add({ name: "小红", sex: "女" });
  os.add({ name: "小王", sex: "男" });
  os.add({ name: "小李", sex: "女" });
};
```

可以看到上面代码通过事务的方式对对象仓库进行了数据添加，如图 5-9 所示。

#	Key (Key path: "id")	Value
0	1	{name: "小明", sex: "男", id: 1}
1	9	{name: "小红", sex: "女", id: 9}
2	10	{name: "小王", sex: "男", id: 10}
3	11	{name: "小李", sex: "女", id: 11}

Total entries: 4 | Key generator value: 12

图 5-9　使用事务添加数据记录

5. 获取对象仓库数据

可以通过事务与 IDBObjectStore.getAll() 来获取对象仓库中的所有数据，代码如下：

```
let db = null;
const openReq = window.indexedDB.open("db1", 3);

openReq.onsuccess = e => {
  db = openReq.result;

  const ts = db.transaction("table2", "readwrite");
  const os = ts.objectStore("table2");

  os.getAll().onsuccess = e => console.log(e.target.result);
};
```

可以看到上面代码中使用事务的方式进行了对象仓库的数据获取，如图 5-10 所示。

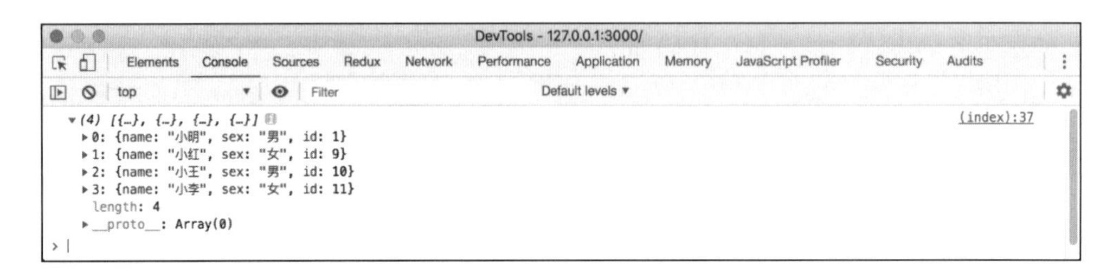

图 5-10　获取对象仓库所有数据

同样，还可以使用游标 IDBCursor 来获取数据，IDBCursor 接口类型包含的属性和方法如下：

- 属性
  - source：返回打开游标的源。
  - direction：游标的遍历方向。
  - key：游标指针处的 key。

- ❍ primaryKey：游标指针处的主键。
- ❍ request：返回游标的请求对象。

❑ 方法

- ❍ continue()：游标沿方向进到下一个位置。
- ❍ delete()：删除游标指针处的数据，但不改变游标指针位置。
- ❍ update(value)：更新游标指针处的数据。
- ❍ continuePrimaryKey(key, primaryKey)：将游标指针指向 key 和 主键都匹配的位置。
- ❍ advance(count)：设置游标指针向前移动的次数。

使用游标的方式来获取所有数据，代码如下：

```
let db = null;
const openReq = window.indexedDB.open("db1", 3);

openReq.onsuccess = e => {
  db = openReq.result;

  const ts = db.transaction("table2", "readwrite");
  const os = ts.objectStore("table2");
  const result = [];

  os.openCursor().onsuccess = e => {
    let cursor = e.target.result;
    if (cursor) {
      result.push(cursor.value);
      cursor.continue();
    } else {
      console.log(result);
    }
  };
};
```

6. 指定条件获取对象仓库数据

IndexedDB 也可以做到类似于关系型数据库中的 where 条件查询的。主要用到索引 IDBIndex 和范围 IDBKeyRange 接口。索引不仅可以让用户使用主键字段进行查询，还可以使用其他字段进行查询。IDBIndex 接口类型包含的属性和方法如下：

❑ 属性

- ❍ name：索引的名称。
- ❍ objectStore：索引引用的对象仓库的名称。

    - ❍ keyPath：该索引的关键路径。
    - ❍ multiEntry：关键路径的返回结果是数组时，返回 true。
    - ❍ unique：如果是 true，则索引不支持 key 重复。
- ❑ 方法
    - ❍ openCursor(range, direction)：打开游标。可以获取完整记录。
    - ❍ openKeyCursor(range, direction)：打开游标。无记录值。
    - ❍ count(query)：获取符合条件的所有数据的数量。不指定 query 则获取全部。
    - ❍ get(key)：通过 key 来获取一个 IDBRequest 对象。
    - ❍ getKey(key)：通过 key 来获取一个 IDBRequest 对象，结果为记录的主键。
    - ❍ getAll(query, count)：获取匹配的所有对象。
    - ❍ getAllKeys(query, direction)：获取匹配的所有对象主键。

IDBKeyRange 是范围接口，可以用来限定要查询的记录范围，主要包含如下属性和方法：

- ❑ 属性
    - ❍ lower：关键范围的下限。
    - ❍ upper：关键范围的上限。
    - ❍ lowerOpen：如果下限值包含在键范围内，则返回 false。
    - ❍ upperOpen：如果上限值包含在键范围内，则返回 false。
- ❑ 方法
    - ❍ bound(lower, upper, lowerOpen, upperOpen)：创建一个具有上限和下限的新键范围。
        - ➢ bound(x, y)：值 ≥ x && ≤ y。
        - ➢ bound(x, y, true, true)：值 > x && < y。
        - ➢ bound(x, y, true, false)：值 > x && ≤ y。
        - ➢ bound(x, y, false, true)：值≥ x && < y。
    - ❍ only()：创建一个包含单个值的新键范围。
        - ➢ only(x)：值 = x。
    - ❍ lowerBound(lower, open)：创建一个只有下限的新键范围。
        - ➢ lowerBound(y)：值 ≥ y。
        - ➢ lowerBound(y, true)：值 > y。

- ❍ upperBound(upper, open)：创建一个新的上限键范围。
  - ➢ upperBound(y)：值≤ y。
  - ➢ upperBound(y, true)：值 < y。

下面新建一个对象仓库，并创建索引和添加数据，代码如下：

```
let db = null;
const openReq = window.indexedDB.open("db1", 4); // 递增版本，触发更新事件

openReq.onupgradeneeded = e => {
  const db = e.target.result;
  // 创建一个新表
  const objStore = db.createObjectStore("table-user", {
    keyPath: "id",
    autoIncrement: true
  });

  // 添加索引，作为检索条件
  objStore.createIndex("name", "name", { unique: false });
  objStore.createIndex("age", "age", { unique: false });

  // 添加数据
  objStore.add({ name: "张三", age: 16 });
  objStore.add({ name: "李四", age: 17 });
  objStore.add({ name: "王五", age: 18 });
  objStore.add({ name: "小明", age: 19 });
  objStore.add({ name: "小红", age: 20 });
};
```

可以看到上面的代码创建了 table-user 对象存储，并为 table-user 添加了 name 和 age 索引，如图 5-11 所示。

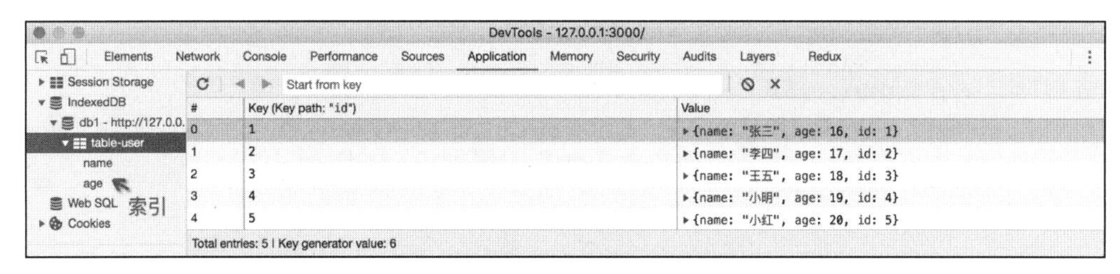

图 5-11　创建索引

基于索引的条件查找代码如下：

```
let db = null;
```

```
const openReq = window.indexedDB.open("db1", 4);

openReq.onsuccess = () => {
  db = openReq.result;

  // 查看所有数据
  db
    .transaction("table-user")
    .objectStore("table-user")
    .getAll().onsuccess = e =>
    console.log("table-user 所有数据 ", e.target.result);

  // 查看 age ≥ 18 的记录，且降序
  let result = [];
  db
    .transaction("table-user")
    .objectStore("table-user")
    .index("age")
    .openCursor(IDBKeyRange.lowerBound(18), "prev").onsuccess = e => {
    let cursor = e.target.result;
    if (cursor) {
      result.push(cursor.value);
      cursor.continue();
    } else {
      console.log("table-user >= 18 的降序数据 ", result);
    }
  };

  // 修改“张三”为“张三三”
  db
    .transaction("table-user", "readwrite")
    .objectStore("table-user")
    .index("name")
    .openCursor(IDBKeyRange.only(" 张三 ")).onsuccess = e => {
    let cursor = e.target.result;
    if (cursor) {
      cursor.update({
        ...cursor.value,
        name: " 张三三 "
      }).onsuccess = e => console.log(" 修改成功：张三 => 张三三 ");
      cursor.continue();
    }
  };
};
```

可以看到上面的代码通过索引的方式进行了数据筛选，并对指定数据进行了修改，如图 5-12 所示。

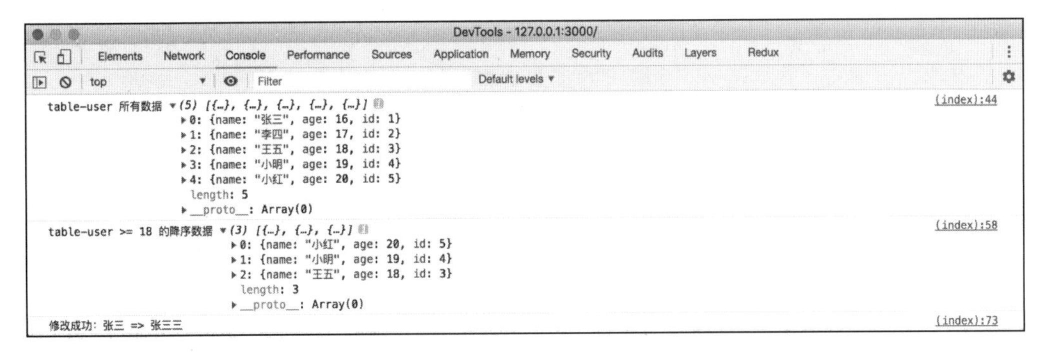

图 5-12　按条件查询的结果

7. 操作数据库的注意事项

在创建对象仓库时，要先检测是否创建过，避免出错，代码如下：

```
let db = null;
const openReq = window.indexedDB.open("db1", 5); // 递增版本，触发更新事件

openReq.onupgradeneeded = e => {
  const db = e.target.result;

  if (!db.objectStoreNames.contains("table-user")) {  // 没有，则创建
    const objStore = db.createObjectStore("table-user", {
      keyPath: "id",
      autoIncrement: true
    });

    // ...
  }
};
```

不同浏览器对空间的控制有一定的策略，为了防止空间过小时被自动删除，可以发送 IndexedDB 持久化请求，代码如下：

```
navigator.storage &&
  navigator.storage.persist &&
  navigator.storage.persist().then(result => {
    result && console.log("IndexedDB 已持久化 ");
  });
```

5.2.3　在 Service Worker 中使用 IndexedDB

ServiceWorkerGlobalScope 中包含对 IndexedDB 的引用，所以可以直接使用。在 window 环境下写的代码也可以在 Service Worker 中使用。不过需要注意 ServiceWorkerGlobalScope

中没有 window 对象，但有 self 对象，所以前面用的 window.indexedDB 要改写成 self.indexedDB，当前 self 在 window 环境下的指向就是 window 对象。

5.2.4 更简单的 IndexedDB

从上面可以看到 IndexedDB 的操作充满了各种回调，操作起来不是很方便。这里推荐使用 Workbox 内置的一个 DBWrapper 作为 IndexedDB 的日常操作。通过以下方式引用 DBWrapper 库，代码如下所示：

```
<script type="module">
  import { DBWrapper } from "https://unpkg.com/workbox-core
  @3.6.3/_private/DBWrapper.mjs";
</script>
```

上面的代码中使用了 unpkg.com 的 workbox 托管，也可以将 workbox 文件放在自己的服务器上进行使用。

1. 构造器

DBWrapper 的构造器如下：

```
const db = new DBWrapper(name, version, { onupgradeneeded, onversionchange })
```

参数：

- name：数据库名。
- version：数据库版本。
- onupgradeneeded：数据库更新事件方法，同 IDBOpenDBRequest.onupgradeneeded。
- onversionchange：数据库结构变化事件方法，同 IDBDatabase.onversionchange。

2. 实例属性

DBWrapper 的实例属性只有 _db，是 IDBDatabase 的引用。

3. 静态方法

deleteDatabase(name)：用于删除数据库。

4. 实例方法

DBWrapper 的实例方法有多种。

- Promise 化的原始方法
  - add(storeName, value, key)：指定对象仓库添加数据。key 选填。
  - clear(storeName)：清除指定的对象仓库。
  - count(storeName, query)：统计当前对象仓库的记录数。query 类型 IDBKeyRange，

选填。

- get(storeName, key)：指定 store 和主键获取数据。
- put(storeName, value, key)：指定对象仓库添加或更新数据。key 选填。
- delete(storeName, key)：通过主键删除数据记录。

- 定制化方法
  - open()：打开实例数据库。
  - close()：关闭实例数据库。
  - getKey(storeName, query)：根据条件获取第一条记录的 key。
  - getAll(storeName, query, count)：根据条件获取所有数据。可通过 query 和 count 进行限制。
  - getAllKeys(storeName, query, count)：根据条件获取所有数据的 key。可通过 query 和 count 进行限制。
  - getAllMatching(storeName, { index, query = null, direction = "next", count, includeKeys })：条件最全的一个获取数据的方法。可指定索引来获取数据。
  - transaction(storeNames, type, callback)：创建事务。

5. 实例

我们使用 DBWrapper 来完成几个例子。

创建数据库 db2，创建 t1 对象仓库，并添加索引，代码如下：

```
<script type="module">
  import { DBWrapper } from "https://unpkg.com/workbox-core
  @3.6.3/_private/DBWrapper.mjs";
  const db = new DBWrapper("db2", 1, {
    onupgradeneeded: e => {
      const db = e.target.result;
      const objStore = db.createObjectStore("t1", {
        autoIncrement: true,
        keyPath: "id"
      });
      objStore.createIndex("name", "name", { unique: false });
      objStore.createIndex("age", "age", { unique: false });
    }
  });

  db.open();
</script>
```

向 t1 对象仓库中添加数据，代码如下：

```
db.add('t1', {name: '张三', age: 18});

// 或者
db.put('t1', {name: '张三', age: 18});
```

查找 t1 对象仓库中所有 name 为“张三”的数据，代码如下：

```
db.getAll('t1', {index: 'name', query: IDBKeyRange.only('张三')});
```

查找 t1 对象仓库中所有 age 大于等于 18 的数据，代码如下：

```
db.getAllMatching('t1', {index: 'age', query: IDBKeyRange.lowerBound(18)});
```

修改 t1 对象仓库中所有 name 为“张三”的数据，改为“李四”，代码如下：

```
db
  .getAllMatching("t1", {
    index: "name",
    query: IDBKeyRange.only("张三"),
    includeKeys: true
  })
  .then(data =>
    Promise.all(data.map(item => db.put("t1", { ...item.value, name: "李四" })))
  );
```

删除 t1 对象仓库中所有 name 为“李四”的数据，代码如下：

```
db
  .getAllMatching("t1", {
    index: "name",
    query: IDBKeyRange.only("李四"),
    includeKeys: true
  })
  .then(data =>
    Promise.all(data.map(item => db.delete("t1", item.primaryKey)))
  );
```

5.3 评测报告：Lighthouse

当我们准备做 PWA 站点时，想了解应该做哪些时，或者已经做了 PWA 站点，想要查看 PWA 站点的特性是否完善时，我们应该用什么工具去评测呢？ Lighthouse 就是一个很好的评测工具。

5.3.1 简介

Lighthouse 是一个开源的自动化工具，用于改进网络应用的质量。Lighthouse 可以对用户要审查的网址运行一连串的测试，然后生成一个有关页面性能的报告。

Lighthouse 的使用方式有很多，例如，可以将其作为一个 Chrome 扩展程序运行，或从命令行运行，或者从 DevTools 中运行。这里主要介绍在 DevTools 中的运行。

5.3.2 打开 Lighthouse

DevTools 中对 Lighthouse 进行了集成，通过选择 Audits 选项卡打开的页面如图 5-13 所示。

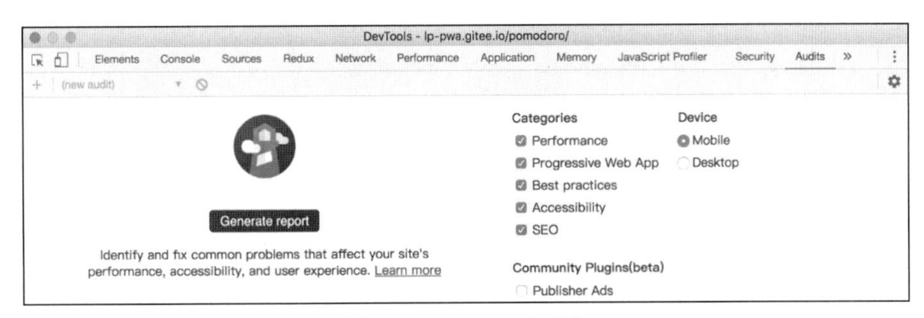

图 5-13　Audits 选项卡

5.3.3 测试 PWA

这里我们比较关注的是 PWA 方面的信息，所以只选中 Audits 选项卡中 Categories 下的 Progressive Web App 复选框，然后单击 Generate report 按钮进行测试，生成 Lighthouse 报告，如图 5-14 所示。

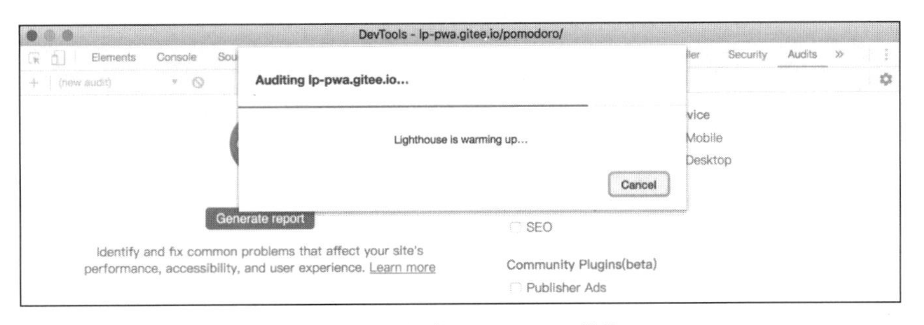

图 5-14　生成 Lighthouse 报告

此时需要等待片刻，Lighthouse 会进行一系列的测试。

5.3.4 测试结果

测试结果中会对所有项目进行评分，对于不合格的地方会进行标红提示，并且提供解决方案。如图 5-15 所示。

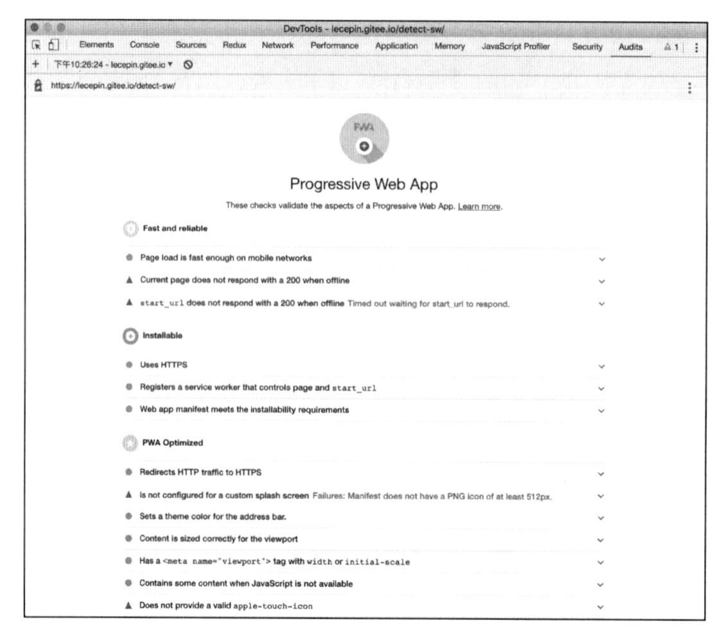

图 5-15 Lighthouse 报告

可以根据这个解决方案进行修复，直至测试通过，如图 5-16 所示。

图 5-16 合格的 Lighthouse 报告

5.4 调试工具：DevTools

开发 PWA 的过程中，需要去查看、测试，而这些能力离不开浏览器的 DevTools 调试工具，下面对几款主流浏览器如何调试 PWA 进行介绍。

5.4.1 在 Chrome 上调试

在 Chrome 的 DevTools 中，对调试 PWA 相关的能力是非常强大和友好的，下面进行详细说明。

首先，我们打开 DevTools。在 Mac 中可以通过 Cmd + Opt + I 键打开，在 Windows 中可以通过 F12 键打开，或者右击页面，在弹出的快捷菜单中选择“检查”命令来打开，界面如图 5-17 所示。

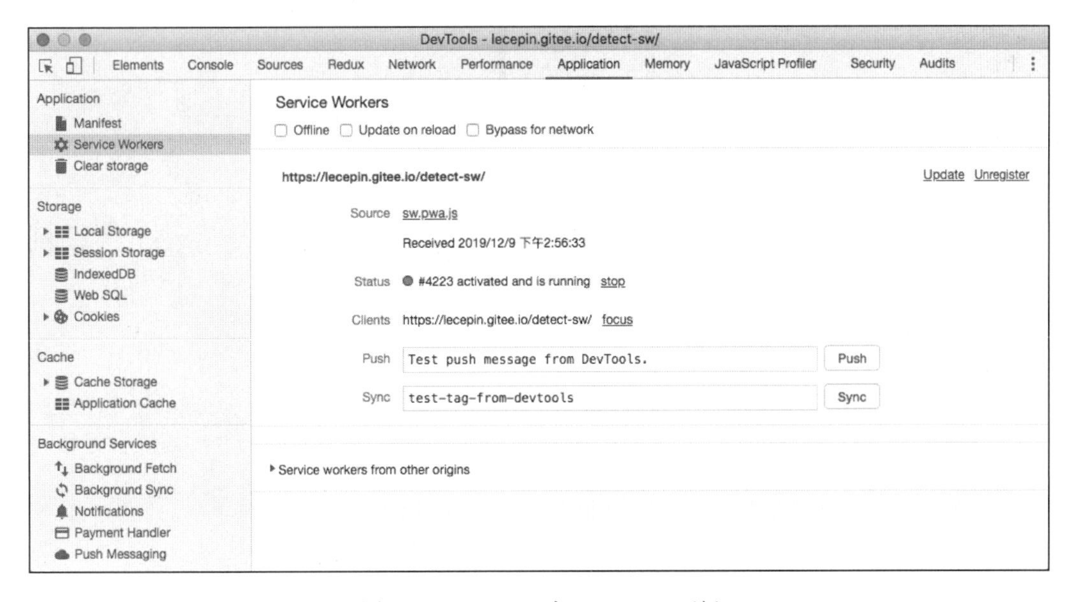

图 5-17 Chrome 中 DevTools 面板

PWA 相关的调试信息，主要集中在 Application 选项卡中。

1. Application 页面

下面对 Application 页面进行介绍。

- Manifest 面板：这个面板主要是对 manifest.json 信息的读取和检测，如图 5-18 所示。

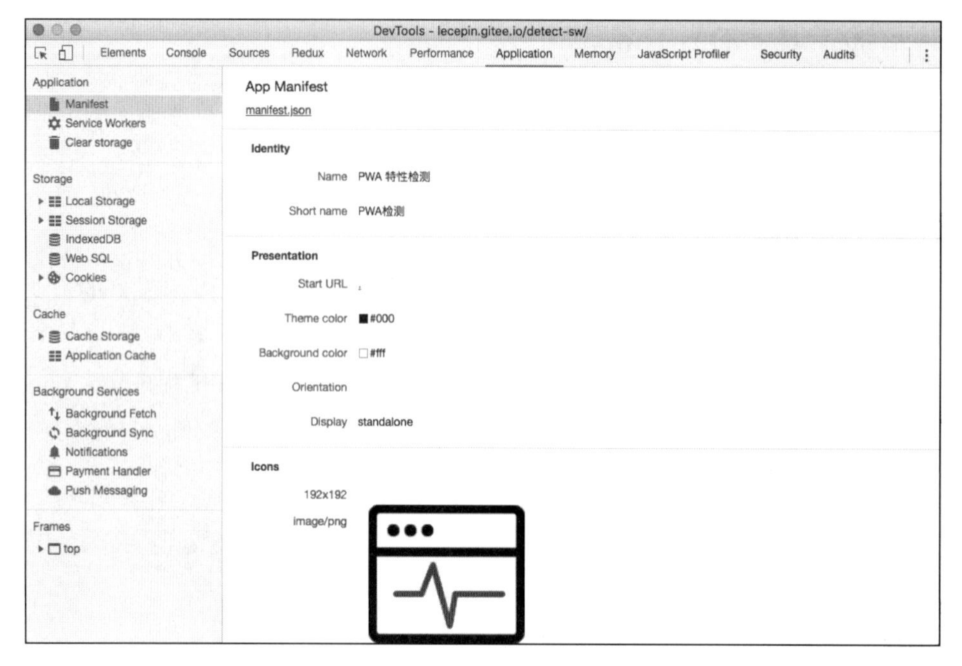

图 5-18 Application-Manifest 面板

图 5-18 中对应的 manifest.json 信息代码如下：

```
{
  "short_name": "PWA 检测 ",
  "name": "PWA 特性检测 ",
  "icons": [
    {
      "src": "icons/192.png",
      "sizes": "192x192",
      "type": "image/png"
    }
  ],
  "start_url": ".",
  "display": "standalone",
  "theme_color": "#000",
  "background_color": "#fff"
}
```

- Service Workers 面板：在这个面板中可以看到与 Service Worker 线程相关的信息，如图 5-19 所示。

  面板上方区域为对网络状态的操作，包括：

  - Offline：将页面设置为离线状态。

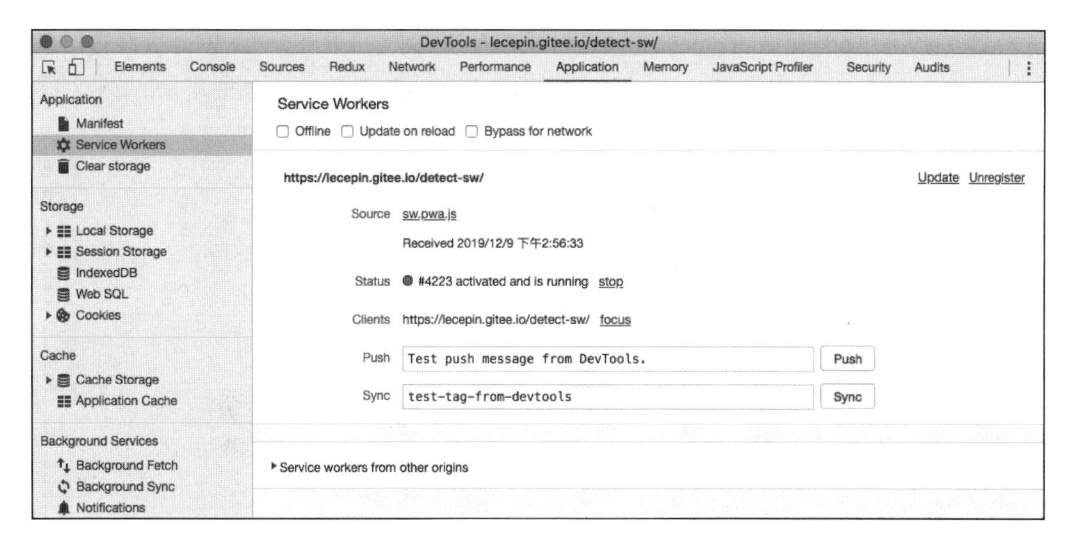

图 5-19　Application-Service Workers 面板

- Update on reload：每次页面进入都会去执行 ServiceWorkerRegistration.update() 类似的更新机制。
- Bypass for networker：一切网络请求都走网络，跳过 Service Worker 这一层 fetch 事件拦截处理。

与 Service Worker 线程相关的操作如下：

- 第一行加粗的路径为控制范围。
- Update：同 ServiceWorkerRegistration.update()。
- Unregister：同 ServiceWorkerRegistration.unregister()，注销当前 Service Worker 线程。
- Source：为当前线程中运行的 Service Worker 文件。Received 为当前线程文件最后的获取时间。
- Status：为线程号和运行状态，可以单击 stop 来停止线程。
- Clients：为当前受控的页面，单击 focus 可以聚焦到受控页面。
- Push：为触发 push 事件，填写内容后单击 Push 按钮，会触发 push 事件，事件中包含填写的内容。
- Sync：为触发 sync 事件，填写内容后单击 Sync 按钮，会触发 sync 事件，事件中包含填写的内容。

❑ Service workers from other origins：可以查看其他域名下的 Service Worker 线程信息。

❑ Clear storage 面板：用于清除当前域名下的站点数据，如图 5-20 所示。

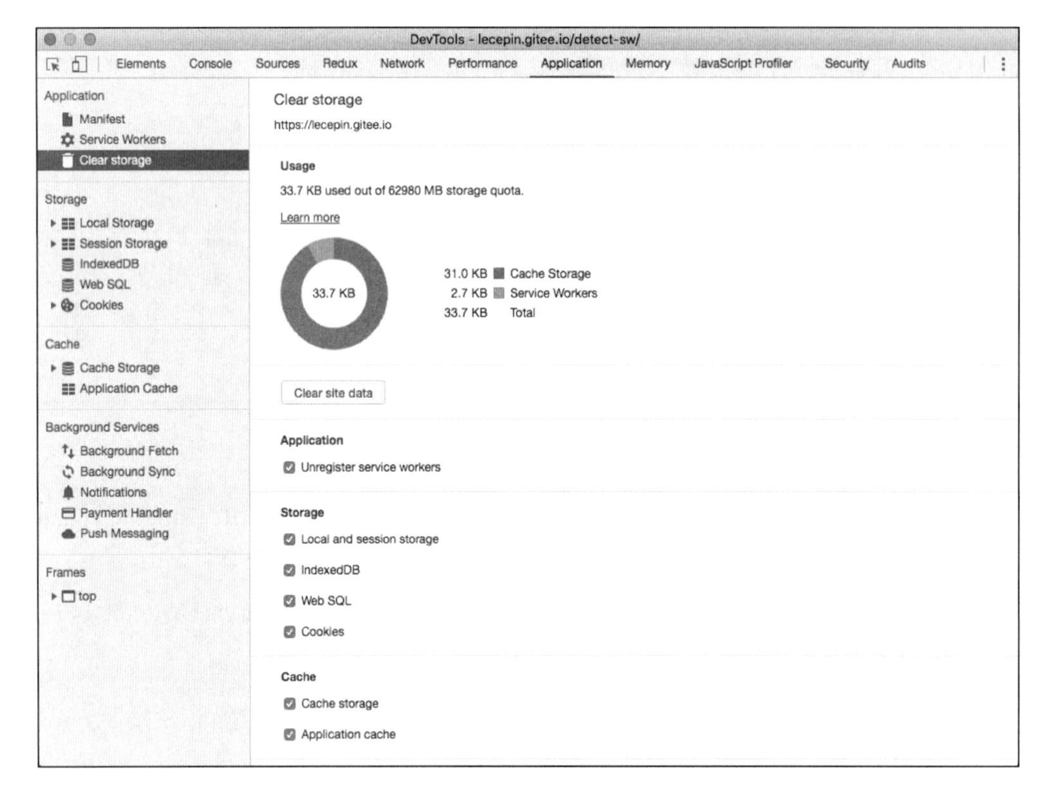

图 5-20 Application-Clear storage 面板

清除项包含：

❑ 注销当前域名下所有的 Service Worker 线程。

❑ Local & Session Storage。

❑ IndexedDB。

❑ Web SQL。

❑ Cookies。

❑ Cache storage。

❑ Application cache。

选中后，单击 Clear site data 按钮进行已选中项的数据清除。通常清除站点中 Service Worker 的操作可以在这里完成。

2. Storage 页面

在 Storage 页面中，对于 PWA 调试，用得比较多的是 IndexedDB 面板。在 IndexedDB 中可以看到所有的数据库，单击数据库名称可以看到数据库的版本信息和 Object Store 的数量，也可以对数据库进行删除和刷新操作，如图 5-21 所示。

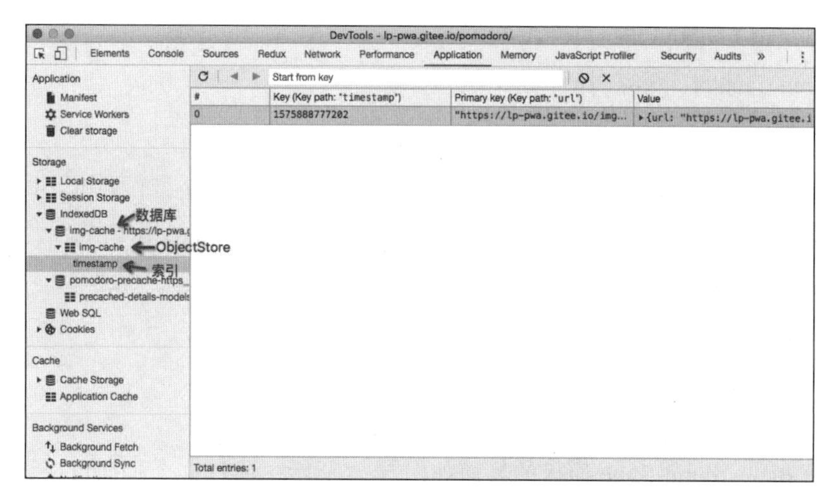

图 5-21 Storage -IndexedDB 面板

3. Cache 页面

在 Cache 页面中对 PWA 进行调试，用得比较多的是 Cache Storage 面板，在该面板中可以查看 Cache API 添加的缓存数据信息，如图 5-22 所示。

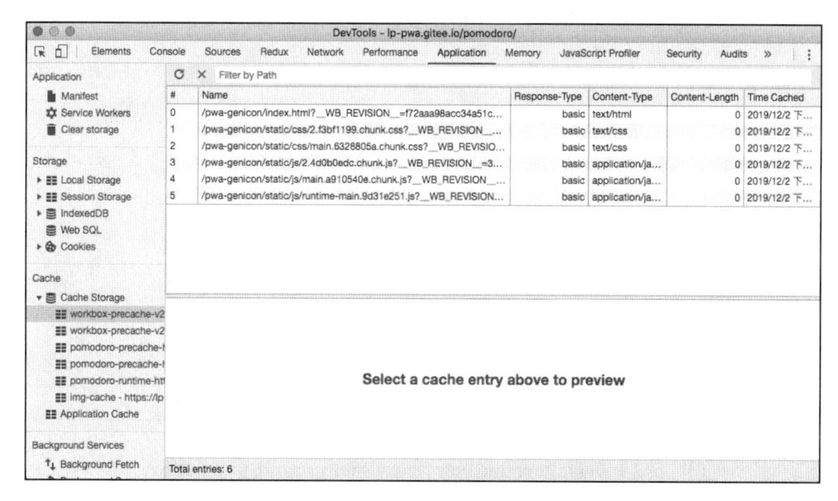

图 5-22 Cache-Cache Storage 面板

包含如下字段：

- ❑ Name：Request 的 URL。
- ❑ Response-Type：响应类型。
- ❑ Content-Type：内容类型。
- ❑ Content-Length：内容长度。
- ❑ Time Cached：缓存时间。

4. Background Services 页面

在 Background Services 页面中主要是对后台服务相关的 API 进行调试，目前包含：

- ❑ Background Fetch：BackgroundFetchManager API 相关的操作调试。
- ❑ Background Sync：SyncManager API 相关的操作调试。
- ❑ Notifications：Notification API 相关的操作调试。
- ❑ Payment Handler：PaymentRequest API 相关的操作调试。
- ❑ Push Messaging：pushManager API 相关的操作调试。

其中，Background Sync 面板的界面如图 5-23 所示，通过这个页面可以详细地查看后台 API 的操作信息。

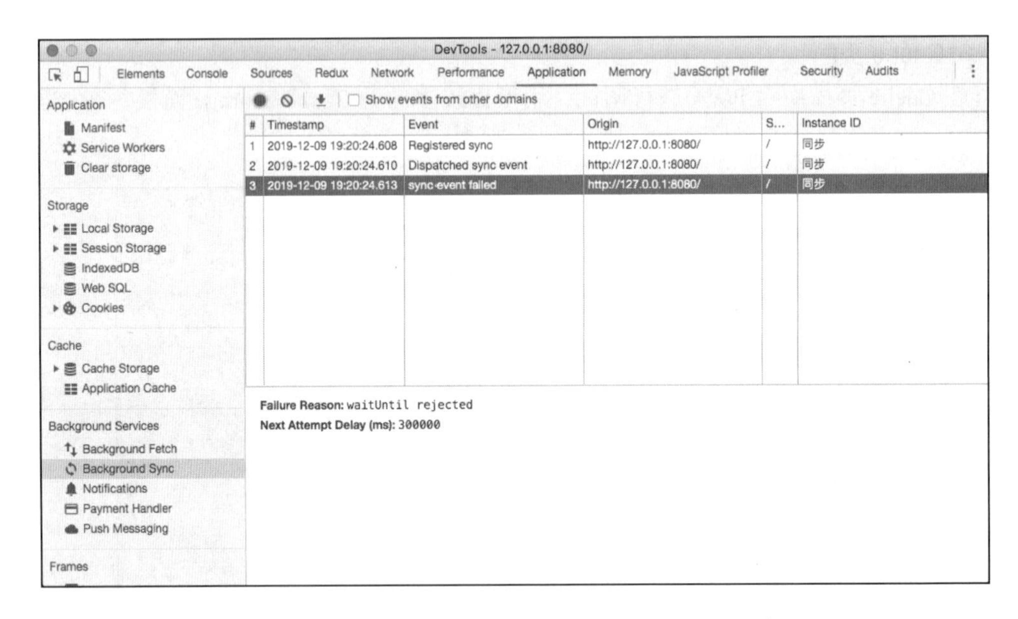

图 5-23 Background Services-Background Sync 面板

5.4.2　在 Safari 上调试

Safari 浏览器也是支持 PWA 部分能力的调试的。默认情况下 Safari 是关闭 DevTools 面板的。下面我们介绍 Safari 的调试方法。

1. 开启 DevTools

打开“偏好设置 ”对话框，在“高级”选项卡中选中“在菜单栏中显示‘开发’菜单”复选框，如图 5-24 所示。

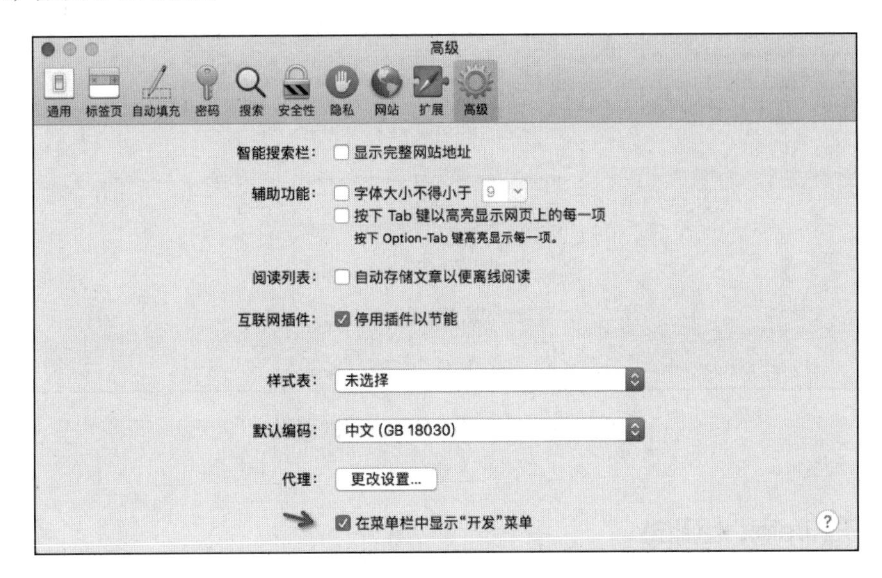

图 5-24　开启 DevTools 功能

2. 打开 Service Worker 调试

在浏览器中打开要调试的网页，然后在菜单栏中选择“开发→服务工作线程”命令，然后单击相关的 Service Worker 域名即可，如图 5-25 所示。

图 5-25　打开 Service Worker 调试

在 Service Worker 页面中可以对 Service Worker 相关的脚本进行调试，如图 5-26 所示。

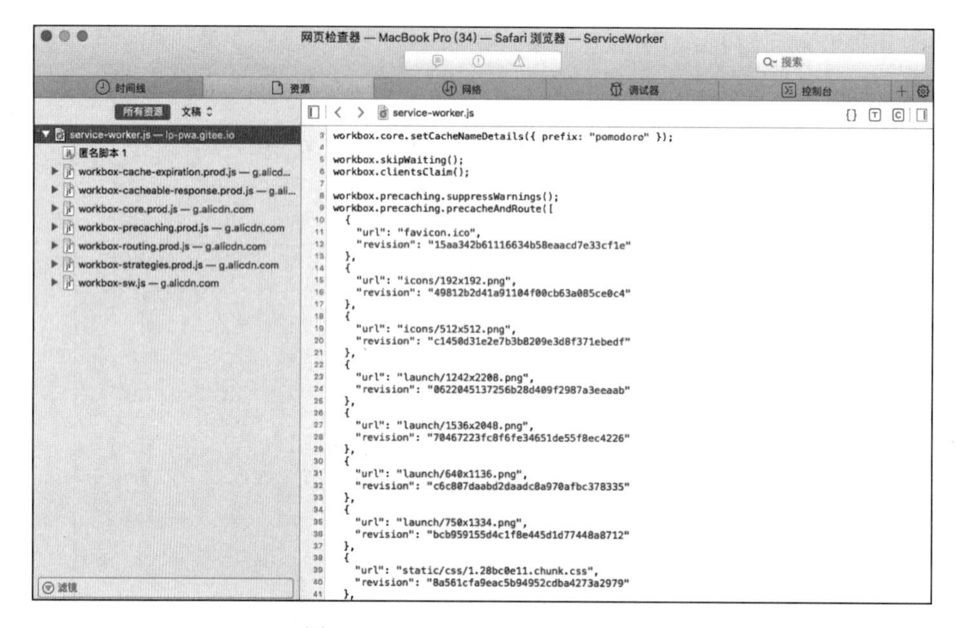

图 5-26　Service Worker 调试面板

5.4.3　在 Firefox 上调试

Firefox 对 Service Worker 的调试不在 DevTools 中进行，需要进入 Firefox 特定的页面中去调试。下面介绍如何在 Firefox 中调试 Service Worker。

在浏览器中打开 about:debugging#/runtime/this-firefox，在 Service Worker 项目下可以找到注册的线程信息，如图 5-27 所示。

图 5-27　Firefox 的 Service Worker 调试

在此面板中可以查看线程的注册地址，推送服务、Fetch 监听状态、控制范围等，也可进行推送模拟操作。

5.4.4 调试小结

对比三大主流浏览器，可以看到对于 PWA 的支持和调试能力，Chrome 浏览器表现最佳。在 Chrome 浏览器的调试工具中，几乎所有 PWA API 都有专门的面板用于查看和调试。

5.5 本章小结

读完本章内容，相信你对 PWA 的配套工具已经有一定的了解了，基于这些工具可以让你对 PWA 的开发体验有所提升。

下一章我们开始进入 PWA 的实践部分。

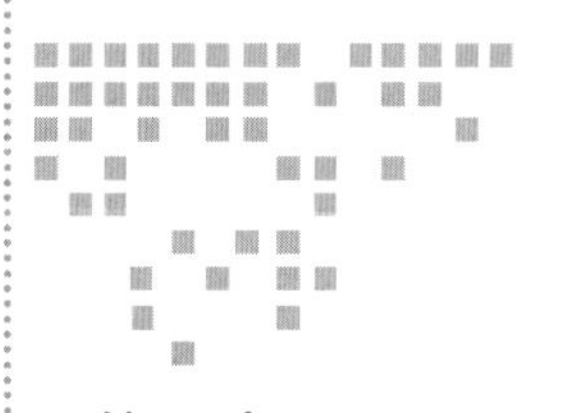

Chapter 6

第 6 章 实践方案

本章开始 PWA 的具体实践，包括接入 Service Worker、安装网站到桌面、实现消息通信、实现数据离线、实现推送通知和改造网站为 PWA。

6.1 接入 Service Worker

通过前面的章节，读者应该对 Service Worker 相关知识比较熟悉了，那我们的项目该如何优雅地接入呢？ Service Worker 具有非常强大的能力，如果处理不好很容易出现重大事故，所以对它的快速开启、快速关闭及优雅降级都要处理好，避免一旦发生线上故障而束手无策。下面来介绍如何做好 Service Worker 接入。

6.1.1 注册方案

我们通常注册一个 Service Worker，会直接在 index.html 中进行注册，如以下代码所示。

```
<script type="module">
  navigator.serviceWorker.register("sw.js").then(regSw => {
    console.log("sw.js 注册成功 ", regSw);
  });
</script>
```

上面的代码虽然可以完成 Service Worker 的注册，却存在一些问题，主要有：

- ❑ 当 sw.js 更新后，页面的 sw.js 存在缓存，导致不能及时更新为最新的 sw.js。
- ❑ 当 index.html 进行缓存后，无法通过修改 index.html 文件的方式立即注销 Service Worker 能力。
- ❑ 如果缓存策略错误，导致 index.html 不能进行更新，那么这个错误将无法修正。

对于 Service Worker 的注册需要重视，注册方案中需要考虑以下几点：

- ❑ Service Worker 文件更改后，浏览器端能够立即安装更新。
- ❑ Service Worker 能力可以立即关闭，防止因 Service Worker 逻辑错误导致故障。
- ❑ Service Worker 在不支持的浏览器下禁用，防止报错。

我们在注册方案中将 Service Worker 的注册和注销部分独立成一个 sw.reg.mgr.js 文件，在 index.html 中只需要采用无缓存的方式引入这个文件，就可以解决以上暴露出来的问题。流程如图 6-1 所示。

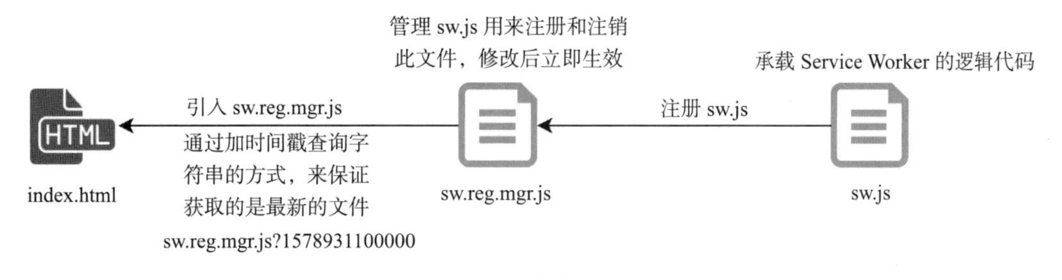

图 6-1　注册流程

按照上面的流程，我们首先在 index.html 进行 sw.reg.mgr.js 的引入。为了防止 Service Worker 注册成功时可能还有部分请求在进行，而导致数据不对齐的风险，我们需要在 onload 的事件中对 sw.reg.mgr.js 进行引入。index.html 接入代码如下：

```
<script type="module">
  (function() { // 防止污染
    if (window.addEventListener) {
      window.addEventListener("load", () => {
        var script = document.createElement("script");
        script.src = "sw.reg.mgr.js?t=" + Date.now(); // 无缓存引用
        script.async = true;
        script.type = "text/javascript";
        script.crossOrigin = "anonymous";
        document.head.insertBefore(script, document.head.firstChild);
      });
    }
```

```
  })();
</script>
```

然后，用 sw.reg.mgr.js 来管理 Service Worker 的注册和注销。因为 ServiceWorkerContainer. register 方法的更新策略是文件内容发生变化或者注册文件路径发生变化时触发更新，所以可以通过对 sw.js 添加版本参数的方式来立即获取最新的 sw.js 内容，如下所示：

```
function register(config) {
  if ("serviceWorker" in navigator) { // 浏览器是否支持
    var swUrl = config.path + "/" + config.name + "?v=" + config.ver;
    // 通过 ver 的变化来强制进行更新操作，每次更新 sw.js 时进行 ver+1 操作
    navigator.serviceWorker
      .register(swUrl)
      .then(swReg => {
        console.log("sw.js 注册成功 ", swReg);
      })
      .catch(err => {
        console.error("serviceWorker 注册期间发生错误 :", error);
      });
  }
}

function unregister() {
  if ("serviceWorker" in navigator) {
    navigator.serviceWorker.ready.then(swReg => {
      swReg.unregister(result => {
        result && console.log("Service Worker 注销成功 ");
      });
    });
  }
}

// 注册 sw.js
register({
  ver: 1,
  path: "",
  name: "sw.js"
});

// 注销
// unregister();
```

当更改 sw.js 后，只需要将 register 方法中的 ver 值进行修改即可，建议每次按加 1 的方式设置，例如现在是 ver:1，修改 sw.js 后就为 ver:2。

注销时将 register 方法删除，执行 unregister 方法即可。

6.1.2　状态同步方案

比较好的用户体验应该是让用户知道我们的 Service Worker 当前在做什么，如“你的站点离线资源已安装”“你的站点内容已更新”等，所以需要对 sw.reg.mgr.js 中的 register 方法进行改造，加入状态信息。修改如下：

```
function register(config) {
  if ("serviceWorker" in navigator) {
    var swUrl = config.path + "/" + config.name + "?v=" + config.ver;
    navigator.serviceWorker
      .register(swUrl)
      .then(swReg => {
        config.log && console.log("Service Worker 注册成功。", swReg);
        if (config && config.onRegster) {
          config.onRegister(swReg);
        }

        swReg.onupdatefound = () => {
          var installingWorker = swReg.installing;
          if (installingWorker == null) {
            return;
          }
          installingWorker.onstatechange = () => {
            if (installingWorker.state === "installed") {
              if (navigator.serviceWorker.controller) {
                config.log && console.log("Service Worker 已安装更新。");
                if (config && config.onUpdate) {
                  config.onUpdate(swReg);
                }
              } else {
                config.log && console.log("Service Worker 已安装。");
                if (config && config.onSuccess) {
                  config.onSuccess(swReg);
                }
              }
            }
          };
        };
      })
      .catch(err => {
        if (config && config.onError) {
          config.onError(err);
        }
        console.error("serviceWorker 注册期间发生错误:", error);
      });
  }
}
```

```
// 注册 sw.js
register({
  ver: 1,
  path: "",
  name: "sw.js",
  log: true,
  onRegister: swReg => {},
  onSuccess: swReg => {},
  onUpdate: swReg => {},
  onError: err => {}
});
```

注册状态流程如图 6-2 所示。

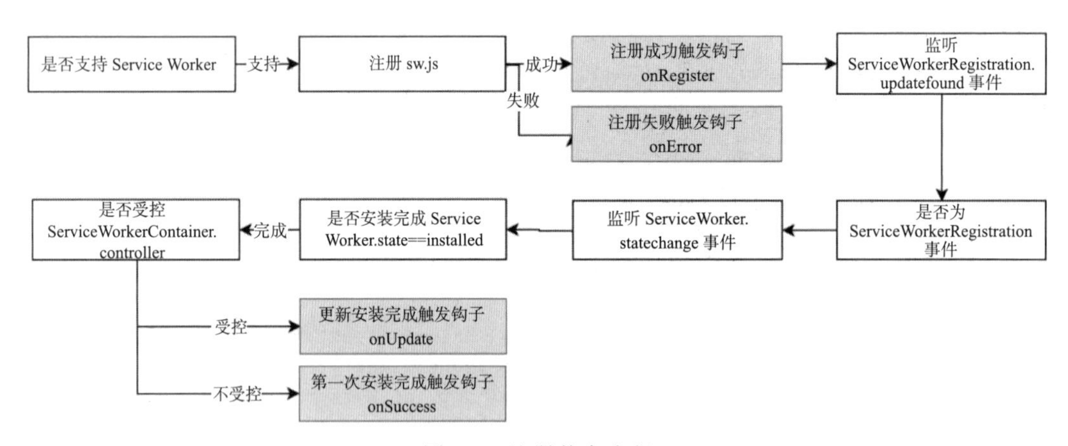

图 6-2　注册状态流程

6.1.3　Service Worker 开关方案

当 Service Worker 配置不当导致线上问题，或者需要临时关闭 Service Worker 功能时，都应该实现 Service Worker 的快速开关。

我们可以通过修改 sw.reg.mgr.js 文件来实现快速开关，因为这个文件是立即生效的，只需要在文件中执行 unregister 方法即可。当然这种方法也存在一些缺点，就是每次修改后都要有一些发布流程。

为了避免发布流程带来的修改成本，我们也可以直接通过开关接口请求来控制，修改 sw.reg.mgr.js 的注册、注销逻辑的代码如下：

```
fetch("开关接口地址").then(status => {
  if (status == "on") {
    // 注册 sw.js
```

```
    register({
      ver: 1,
      path: "",
      name: "sw.js",
      log: true,
      onRegister: swReg => {},
      onSuccess: swReg => {},
      onUpdate: swReg => {},
      onError: err => {}
    });
  } else if (status == "off") {
    // 注销
    unregister();
  }
});
```

为了避免全局变量污染，可以把 sw.reg.mgr.js 的所有代码包装在闭包中，如以下代码所示：

```
(function() {
  // 包装代码
})();
```

6.1.4　错误收集

对于 Service Worker 在客户端浏览器运行的状态我们是不明确的，包括一些出错信息，所以应该为站点提供日志能力。针对 Service Worker 的错误信息，主要在以下事件中进行记录，以供后续过程分析和解决。sw.js 中的代码如下：

```
self.addEventListener("error", err => {
  /**
   * err.message
   * err.lineno
   * err.filename
   * err.colno
   * …
   */
  fetch("错误日志接口", {
    body: JSON.stringify(err),
    method: "POST"
  });
});

self.addEventListener("unhandledrejection", err => {
  /**
   * err.reason
   */
```

```
  fetch("错误日志接口", {
    body: JSON.stringify(err.reason),
    method: "POST"
  });
});
```

6.2 安装网站到桌面

前面我们知道通过 PWA 的 manifest.json 可以实现网站的桌面入口能力。下面介绍一下实际项目中的具体接入及整个网站桌面入口的闭环方案。

6.2.1 为网站增加桌面能力

为网站增加桌面入口的能力，只需要引入必需的文件并添加 iOS 下的兼容处理即可。我们主要修改以下文件：

- manifest.json：桌面能力的核心文件，包含图标、名称、入口、主题色等。
- sw.js：Service Worker 文件，必须注册这个文件，设置后才可以生效。
- iOS 兼容文件：iOS 不支持标准的 manifest.json，需要借助兼容脚本来适配。
- index.html：接入 manifest.json、注册 sw.js 及执行 iOS 兼容文件。

manifest.json 代码如下：

```
{
  "short_name": "测试网站",
  "name": "测试网站快捷版",
  "icons": [
    {
      "src": "icons/192.png",
      "sizes": "192x192",
      "type": "image/png"
    }
  ],
  "start_url": "/?from_pwa",
  "display": "standalone"
}
```

注意，start_url 后面的 ?from_pwa 用于进行数据打点，用户可自行定义。

sw.js 代码如下：

```
// 如果没有做 fetch 处理，则需要加上这一句，否则 manifest 不生效
self.addEventListener("fetch", e => {});
```

在 iOS 中，我们直接使用兼容脚本 pwacompat.js 来处理。

index.html 代码如下：

```
<!-- 接入 manifest.json -->
<link rel="manifest" href="manifest.json" />

<!-- 接入 iOS 兼容脚本 -->
<script
  src="https://unpkg.com/pwacompat@2.0.9/pwacompat.min.js"
  crossorigin="anonymous"
></script>

<script type="module">
  // 注册 sw.js。这里只是示例
  if ("serviceWorker" in navigator) {
    navigator.serviceWorker.register("/sw.js");
  }

  // 桌面安装前提示事件
  window.addEventListener("beforeinstallprompt", function(e) {
    // 根据需求自行定制
  });

  // 桌面安装完成后的事件
  window.addEventListener("appinstalled", function(e) {
    // 根据需求自行定制
  });
</script>
```

通过上面简单的配置，就添加了网站的桌面能力，在 Chrome 中显示的效果如图 6-3 所示。

图 6-3　添加桌面能力在 Chrome 中的显示效果

6.2.2 新闭环方案

除了通过单击桌面图标可以直接打开 manifest.json 中配置的 start_url 地址外，是否还有一些其他的优化点，能更好地提升用户的体验呢？来看一下原链路，如图 6-4 所示。

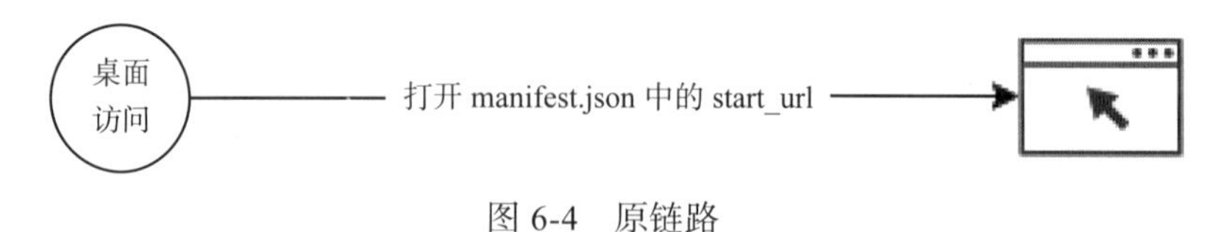

图 6-4 原链路

我们更期待的是，桌面入口不仅仅是一个指向唯一性的入口，更好的体验是能够定位到上次打开的页面，并且可以设置一个有效时间，如果在有效时间内，则打开上次的页面，如果超出有效时间，则还是打开 start_url 中的地址。新的闭环流程如图 6-5 所示。

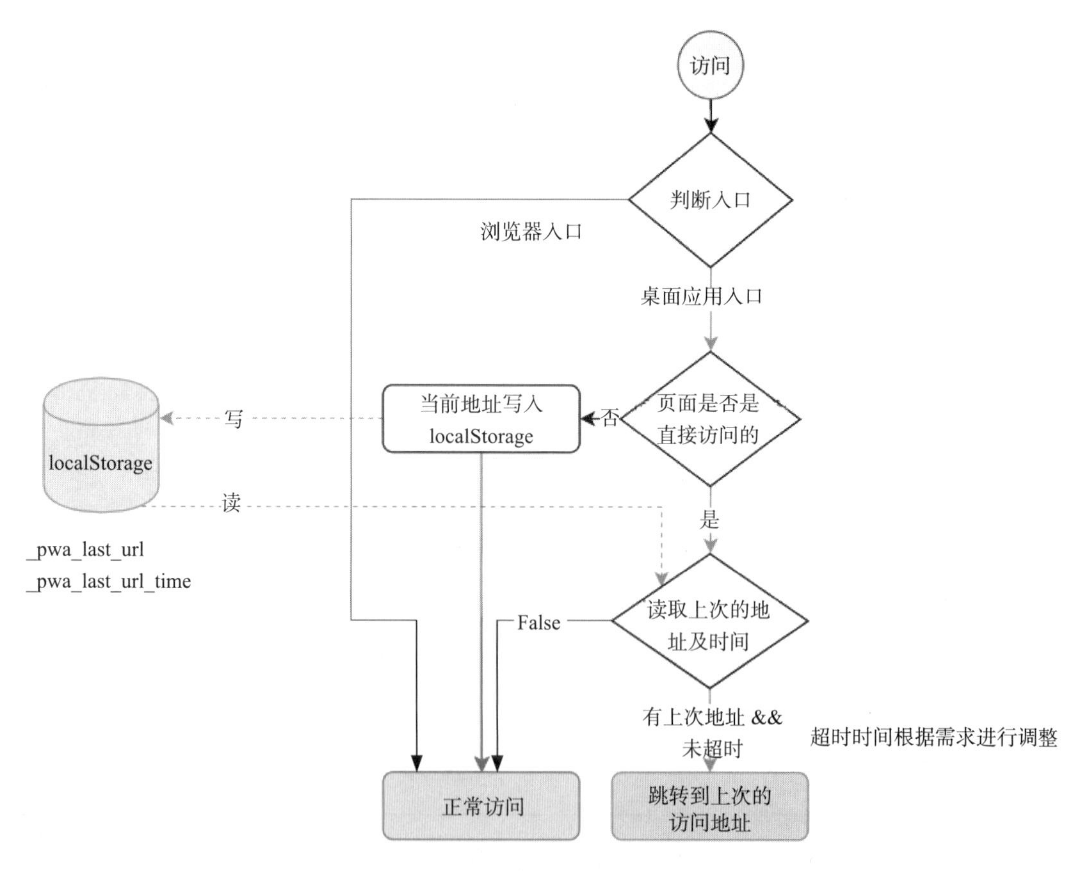

图 6-5 新的闭环流程

在新链路中，主要实现了对于通过桌面图标进入的站点的最后访问地址进行缓存，每次从入口进入后都会打开上次用户访问的页面。

6.2.3　新闭环方案实现

要实现新闭环方案，第一步要确定的就是判断是从什么入口进入的，是浏览器还是桌面图标，访问后该展示哪个页面。

这里可以基于 CSS 的 display-mode 属性来判断入口，因为这个属性是 manifest 特有的，可以通过它来区分入口。然后通过 document.referrer 来区分页面是直接访问的，还是通过链接定位的，代码如下：

```
if (window.matchMedia("(display-mode: standalone)").matches) {
  // 是否从桌面图标入口进入
  if (document.referrer === "") {
    // 是否直接访问，用来做跳转处理
    var _pwa_last_url = localStorage.getItem("_pwa_last_url");
    var _pwa_last_url_time = localStorage.getItem("_pwa_last_url_time");
    var expiredTime = 24 * 3600 * 1000; // 可自定义过期时间
    if (
      _pwa_last_url &&
      window.location.href !== _pwa_last_url &&
      Date.now() - _pwa_last_url_time < expiredTime
    ) {
      window.location.href = _pwa_last_url;
    }
  }
}
```

第二步就是当用户点击跳转链接时进行的一些逻辑处理。当用户点击了一些站点内的应用跳转链接时，需要进行一些处理，如将链接存储到 _pwa_last_url 及对链接进行打点处理等。代码如下：

```
if (window.matchMedia("(display-mode: standalone)").matches) {
  document.body.addEventListener("click", e => {
    var linkDom = e.target.closest("a"); // 拦截所有 a 的 click 事件
    if (!linkDom) {
      return;
    }
    var linkHref = linkDom.href;
    var linkTarget = linkDom.target;

    if (linkTarget== "_blank") {
      return window.open(linkHref, "_blank");
```

```
    }

    event.preventDefault();
    var _url = new URL(linkHref);
    var newUrl = // 构造打点数据
      _url.origin +
      _url.pathname +
      _url.search +
      (_url.search ? "&from_pwa" : "?from_pwa") +
      _url.hash;

    localStorage.setItem("_pwa_last_url", newUrl); // 写入链接信息
    localStorage.setItem("_pwa_last_url_time", Date.now());

    window.location.href = newUrl;
  });
}
```

6.3 消息通信

在实际使用 Service Worker 的过程中，我们对 window 环境和 Service Worker 环境的消息通信是有需求的，那么这两个环境中有哪些通信方法呢？下面介绍一下。

6.3.1 窗口向 Service Worker 线程通信

这里列举出窗口层到 Service Worker 层的通信方法。

1. ServiceWorker.postMessage

窗口层可以通过 ServiceWorker 接口的 postMessage 来实现页面到 Service Worker 环境的通信。

获取 ServiceWorker 接口有两种方式：

- navigator.serviceWorker.controller，常用这种方式。
- navigator.serviceWorker.ready.then(swReg => swReg[state])，state 为 {installing, waiting, active}。

当发送 ServiceWorker.postMessage 后，Service Worker 环境采用 onmessage 事件进行消息接收处理；当发送 client.postMessage 后，window 环境采用 ServiceWorkerContainer.onmessage 事件进行消息接收处理，如图 6-6 所示。

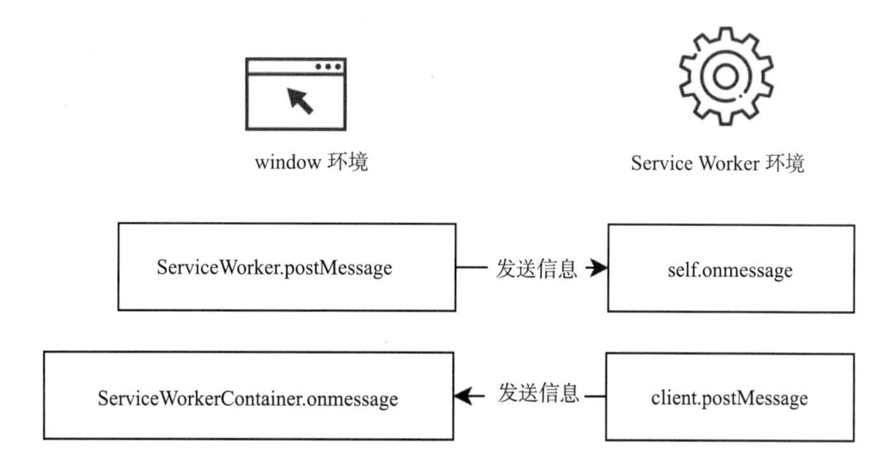

图 6-6　ServcieWorker 接口的通信方式

具体实现如下。

在 index.html 中加入发送消息和监听消息的逻辑，代码如下：

```
<script type="module">
  navigator.serviceWorker.register("sw.js");
  if (navigator.serviceWorker.controller) {
    // 向 Service Worker 线程发送消息
    navigator.serviceWorker.controller.postMessage(
      "这是从 window 环境发送的消息"
    );
  }

  // 接收来自 Service Worker 的消息
  navigator.serviceWorker.onmessage = e => {
    console.log("index.html 收到消息:", e.data);
  };
</script>
```

sw.js 中也加入监听消息和发送消息的逻辑。这里列出了三种向 window 环境页面发送消息的方式，代码如下：

```
self.addEventListener("message", e => {
  // 从 e.data 由 postMessage 发送的数据
  console.log("sw.js 收到消息:", e.data);

  // 1. 向发送消息的 window 环境的页面发送消息(此为方法一)
  e.source.postMessage("这是从 Service Worker 环境发送的消息");

  // 2. 向发送消息的 window 环境的页面发送消息(此为方法二)
  self.clients.get(e.source.id).then(client => {
```

```
    client.postMessage("这是从 Service Worker 环境发送的消息");
  });

  // 3. 向所有window环境的页面发送消息
  self.clients.matchAll().then(clients => {
    clients.map(client => {
      client.postMessage("这是从 Service Worker 环境发送的消息");
    });
  });
});
```

控制台中的通信结果如图 6-7 所示。

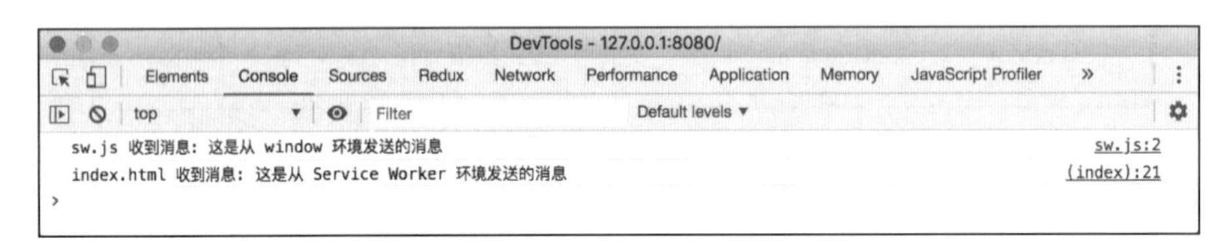

图 6-7　控制台中的通信结果

2. SyncManager.register

还可以使用 sync 的方式来实现页面层到 Service Worker 层的通信。

这种通信方式的弊端是通信是单向的，且不可控，但优势也很明显，对于后台同步十分有用，一旦注册 sync，在 online 的状态下会立即触发 Service Worker 环境下的 onsync 事件，Service Worker 可根据具体逻辑处理，直到 e.waitUntil 返回 Promise.resolve() 才会完成 sync，并把 sync 的 tag 清除，否则会一直按照某个周期执行，直到 e.lastChance == true。执行流程如图 6-8 所示。

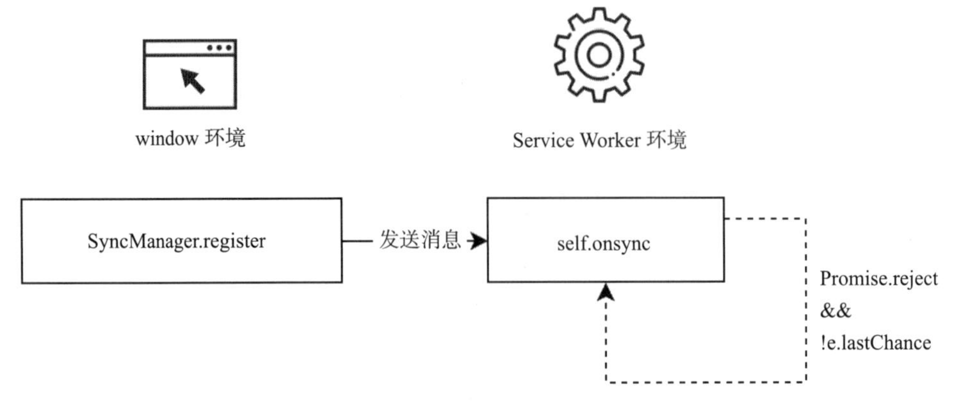

图 6-8　SynManager.register 流程

具体实现是，在 index.html 中进行同步注册，触发 Service Worker 层中的 onsync 事件，进行单向通信，代码如下：

```
<script type="module">
  navigator.serviceWorker.ready.then(swReg => {
    swReg.sync.register(" 同步 tag");
  });
</script>
```

在 sw.js 中进行消息的接收和处理逻辑，代码如下：

```
self.addEventListener("sync", e => {
  if (e.tag == " 同步 tag") {
    e.waitUntil(
      new Promise((res, rej) => {
        // 逻辑处理 ...
        return res();
      })
    );
  }
});
```

3. MessageChannel

MessageChannel 是一个点对点的消息通道，可以很方便地实现在 window 页面环境和 Service Worker 环境的消息双向通信。MessageChannel API 的基本信息如下。

- 构造函数：MessageChannel 的构造函数很简单，不需要任何参数，如下所示：

  ```
  const channel = new MessageChannel();
  ```

- 属性：port1、port2 为 MessageChannel 实例的两个端口，这两个端口具备 onmessage 事件和 postMessage、start、close 方法。

MessageChannel 消息管道需要与 postMessage 配合使用，执行流程如图 6-9 所示。

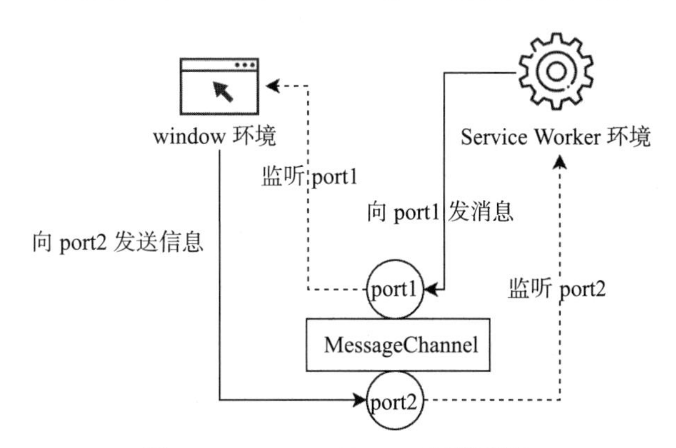

图 6-9 MessageChannel 通道流程

具体实现如下。

index.html 发送和接收消息时对 MessageChannel 进行绑定：

```
<script type="module">
  if (navigator.serviceWorker.controller) {
    const c = new MessageChannel();
    c.port1.onmessage = e => {
      // 收到传给 port1 的消息
      console.log("index.html port1 收到消息: ", e.data);
    };

    // 向 port2 发送消息
    navigator.serviceWorker.controller.postMessage(
      "这是 index.html 的消息",
      [c.port2]
    );
  }
</script>
```

在 sw.js 中接收消息，并通过 port 发送消息：

```
self.addEventListener("message", e => {
  console.log("sw.js 收到消息: ", e.data);
  // 从 e.ports 里获取 MessagePort
  e.ports[0] && e.ports[0].postMessage("这是 sw.js 发送的消息");
});
```

注意，MessageChannel 创建的通道会受 Service Worker 的 stopWorker 影响，导致 MessageChannel 通道关闭，也就是表现为通道只能用一次。所以使用 MessageChannel 通信时，每次都要创建新的通道。

6.3.2 Service Worker 线程向窗口通信

上面说的是窗口页面层向 Service Worker 环境的通信，同样，Service Worker 线程也可以主动向页面层通信。

在 Service Worker 环境下主要有两种向页面层通信的方式：BroadcastChannel 和 WindowClient.postMessage。

1. BroadcastChannel

BroadcastChannel 是广播信道通信。

- 构造函数：BroadcastChannel 的构造函数中只需要传入一个 channelName 即可，用作标志信道，如下所示。

  ```
  const channel = new BroadcastChannel(channelName);
  ```

❑ 属性：name，获取信道的名称。

❑ 方法：包含 postMessage 和 close。

BroadcastChannel 的广播通信流程如图 6-10 所示。

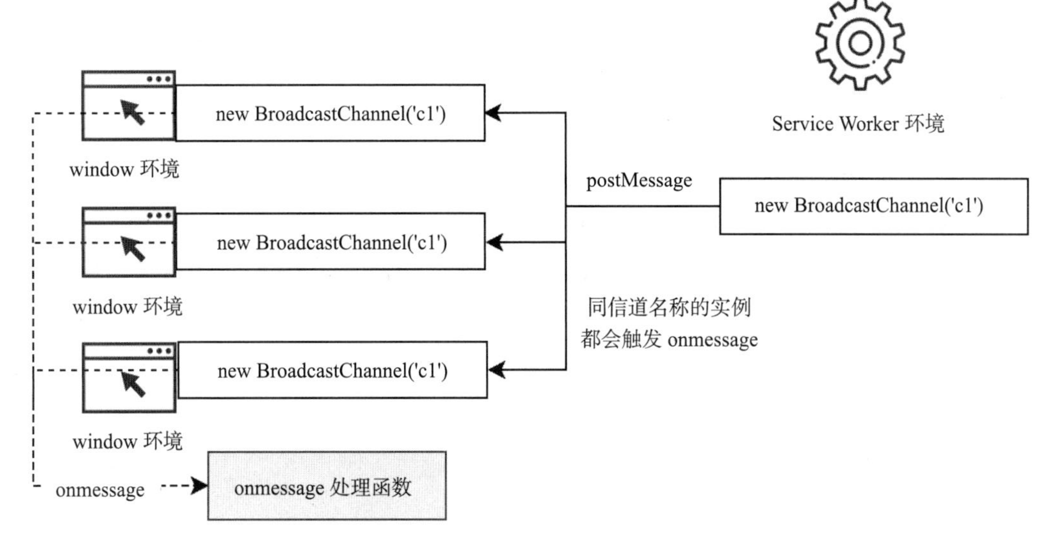

图 6-10　BroadcastChannel 通道流程

具体实现如下。

在 index.html 中创建同名的 BroadcastChannel，用来监听广播信息：

```
<script type="module">
  const bc1 = new BroadcastChannel("c1");

  bc1.onmessage = e => {
    // 页面层收到广播，逻辑处理
    console.log(e.data);
  };
</script>
```

在 sw.js 中创建同名的 BroadcastChannel 信道，使用 postMessage 进行消息广播：

```
const bc1 = new BroadcastChannel("c1");
bc1.postMessage(" 这是从 sw.js 中发送的广播消息 ");
```

2. WindowClient.postMessage

WindowClient.postMessage 用于获取相应的 WindowClient 并进行 postMessage 操作，实现向页面层的消息发送。在 Service Worker 中的 onmessage 中可以通过 e.Source

来获取发送者的 WindowClient，并实现双向通信；在主动发送请求的情况下，只能通过 Clients 接口来获取 WindowClient 的方式进行广播消息通信。Client 接口主要有以下方法：

- get(id)：通过 WindowClient 的 id 来获取 WindowClient 对象。
- matchAll(options)：返回匹配的 WindowClient 对象列表。options 值如下：
  - includeUncontrolled：为布尔类型，默认为 false。为 true 时返回与当前 Service Worker 同域下的所有页面；为 false 时只返回受控的页面。
  - type：设置匹配的 Client 类型，默认为 all，可用值包括 window、worker、sharedworker、all。
- openWindow(url)：打开一个顶级的浏览器页面，并加载给定的 url。
- claim()：激活 Service Worker scope 下的所有 WindowClient，让其受控。默认情况下，Service Worker 激活后不会立即控制页面，需要使用此方法进行受控处理。

WindwoClient 接口的内容如下：

属性：

- focused：当前 Client 是否获得焦点。
- id：Client 的 id。
- type：Client 的类型。
- url：Client 的 url。
- visibilityState：当前 Client 的可见状态。

方法：

- focus()：当前 Client 获得焦点。
- navigate(url)：当前 Client 加载指定 URL。

通信流程如图 6-11 所示。

代码实现如下：

index.html 进行消息接收：

```
<script type="module">
  navigator.serviceWorker.onmessage = e => {
    console.log("index.html 收到消息 :", e.data);
  };
</script>
```

sw.js 进行消息广播发送：

```
// 向所有 window client 发送消息
self.clients
```

```
.matchAll({
  type: "window"
})
.then(windows => {
  windows.map(win => {
    win.postMessage("sw.js 发送消息到页面");
  });
});
```

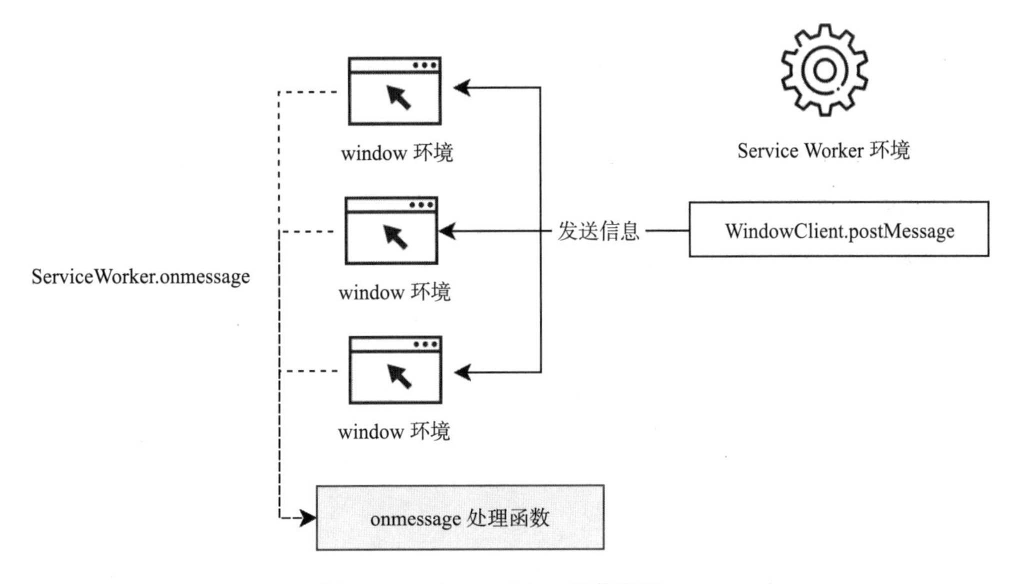

图 6-11　WindowClient 通信流程

6.4　数据离线

本书主要讲解离线能力在 PWA 中的实践，包含离线时机和离线策略。

6.4.1　离线处理时机

下面主要对不同状态下，离线时机的处理方式进行说明。

1. Service Worker 线程安装状态

这个时机可以用来处理一些强依赖的静态资源，比如 JS、CSS、HTML、图片等，在保证 Service Worker 线程生效的同时，强依赖资源也是缓存好的。

关于强依赖的静态资源，需要注意：

- ❑ 资源一定要有版本号，否则会影响缓存控制。
- ❑ 建议资源不要太多、太大，只缓存核心的静态资源，避免下载资源时间过长而影响 Service Worker 线程安装。
- ❑ 如果缓存的这些资源有无法访问的，则整个 Service Worker 线程将安装失败。

时机处理如图 6-12 所示。

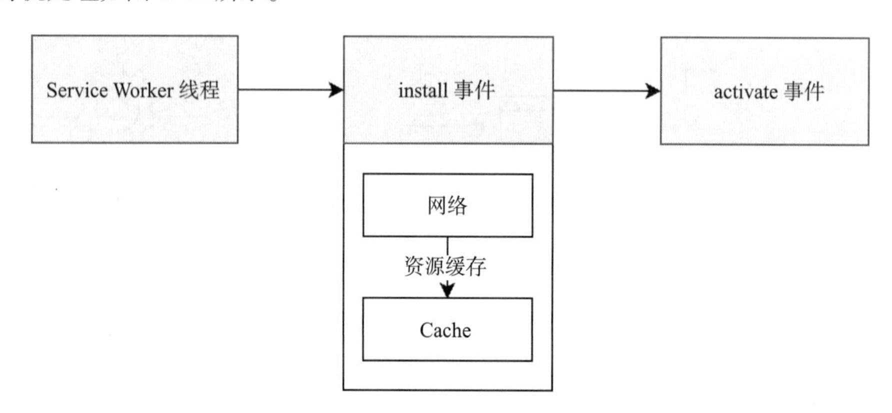

图 6-12　Service Worker 线程安装时处理

代码如下：

```
self.addEventListener("install", event => {
  event.waitUntil(
    caches.open("cache-v1-core").then(cache =>
      cache.addAll([
        "/index.css",
        "/index.js",
        "/index.html"
        // ... 静态资源
      ])
    )
  );
});
```

注意，要把线程中执行 Promise 的结果放在 event.waitUntil 中，以此来控制线程的状态，防止线程提前关闭。

如果想将一些较大的文件也在这个时机进行缓存，但又不想影响 Service Worker 线程的安装时机，可以将文件拆成两部分来缓存，以解决这个问题。代码如下：

```
self.addEventListener("install", event => {
  event.waitUntil(
    caches.open("cache-v1-core").then(cache => {
```

```
        cache.addAll([
          // 大文件或非核心资源
        ]);
        return cache.addAll([
          "/index.css",
          "/index.js",
          "/index.html"
          // 核心资源
        ]);
      })
    );
});
```

2. Service Worker 线程激活状态

当新的 Service Worker 安装完成后，并且状态为 activate，说明新的 Service Worker 已经激活并运行了，旧的 Service Worker 已经结束了。在这个时机下，可以对一些旧的缓存进行删除和迁移操作，防止旧缓存占用过多的空间，浪费用户资源。

时机处理如图 6-13 所示。

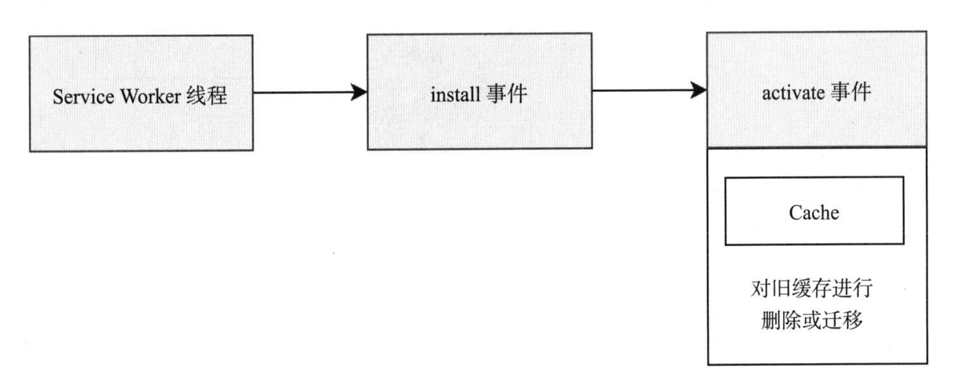

图 6-13　Service Worker 线程激活时处理

代码如下：

```
self.addEventListener("activate", event => {
  event.waitUntil(
    caches.keys().then(cacheNames =>
      Promise.all(
        cacheNames
          .filter(cacheName => {
            // 这里可以对与当前版本不匹配的缓存进行删除
            // return cacheName !== 'cache-v2-core'
          })
          .map(cacheName => caches.delete(cacheName))
```

```
        )
      )
    );
});
```

注意，为避免在激活状态处理太多信息，导致影响页面加载，在这个状态下应尽可能只做一些精简的操作，如只做更换旧资源操作。

3. push 事件处理

对于 push 事件，我们也可以借助于离线缓存能力。例如我们推送了一篇新闻，期望用户查看新闻的时候，新闻内容是加载完成的，以此来提升用户体验。

对事件的处理如图 6-14 所示。

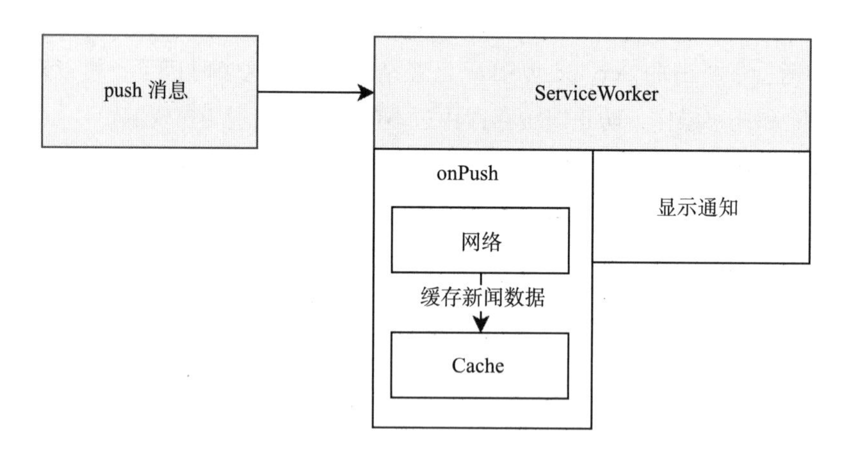

图 6-14 push 事件处理

代码如下：

```
self.addEventListener("push", event => {
  if (event.data.text() == "news") {
    event.waitUntil(
      caches.open("cache-news").then(cache =>
        fetch("/news.json")
          .then(res => res.json())
          .then(news => {
            registration.showNotification("News", {
              body: news.title,
              tag: "news"
            });
          })
      )
    );
```

```
  }
});

self.addEventListener("notificationclick", event => {
  if (event.notification.tag == "news") {
    new WindowClient("/news/");
  }
});
```

6.4.2　离线策略

下面介绍一下常用的离线策略及策略的具体实现和优缺点。

1. 只用缓存策略

"只用缓存策略"意味着所有的请求都只从缓存里面获取。该策略如图 6-15 所示。

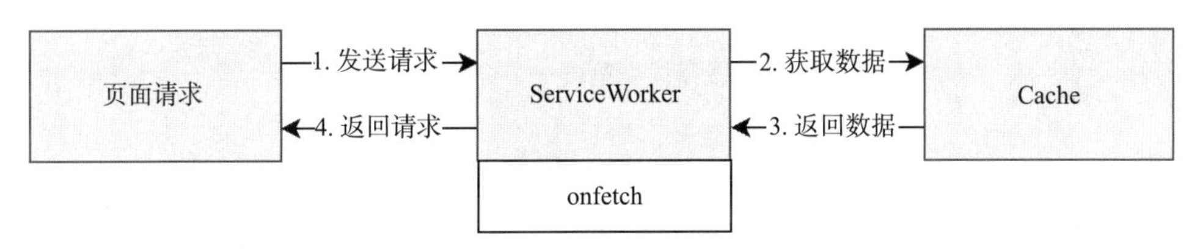

图 6-15　只用缓存策略

通常情况下，这些缓存资源是在 install 事件中进行缓存的。我们使用这个策略时需要确保缓存资源是一直存在的，否则用户将无法获取到资源。实现代码如下：

```
self.addEventListener("fetch", event => {
  event.respondWith(caches.match(event.request));
});
```

2. 只用网络策略

"只用网络策略"意味着所有的请求都只从网络里面获取。该策略如图 6-16 所示。

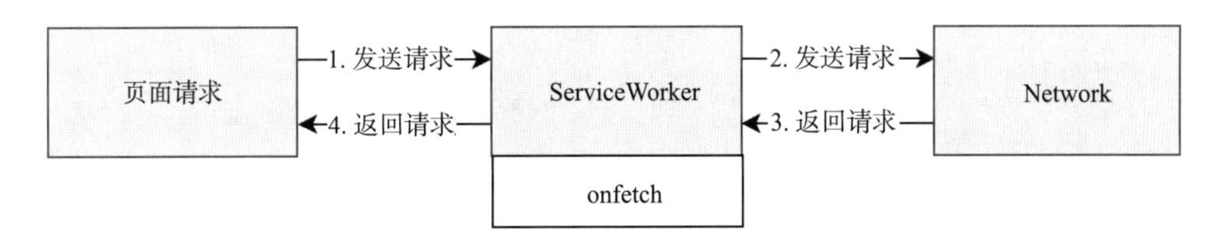

图 6-16　只用网络策略

这个策略可以确保访问的请求为正常的网络请求。对于需要实时获取的请求可以使用这个策略。实现代码如下：

```
self.addEventListener("fetch", event => {
  event.respondWith(fetch(event.request));
});
```

3. 缓存优先策略

“缓存优先策略”意味着当缓存命中时，按照“只用缓存策略”进行请求处理，如图 6-17 所示，如果没有命中缓存，则发送正常请求，并更新缓存信息。该策略如图 6-18 所示。

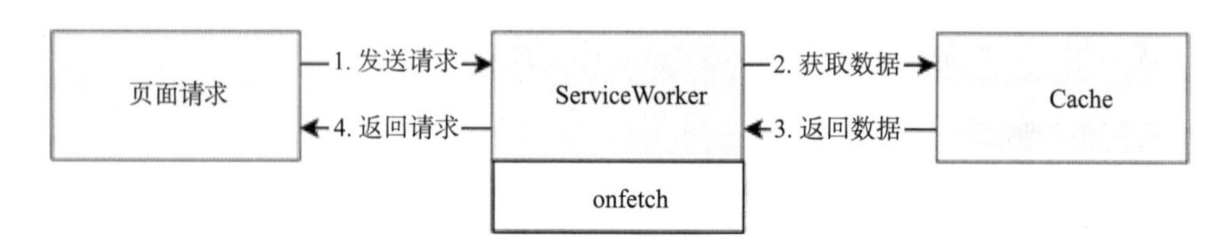

图 6-17　缓存优先策略——命中缓存时

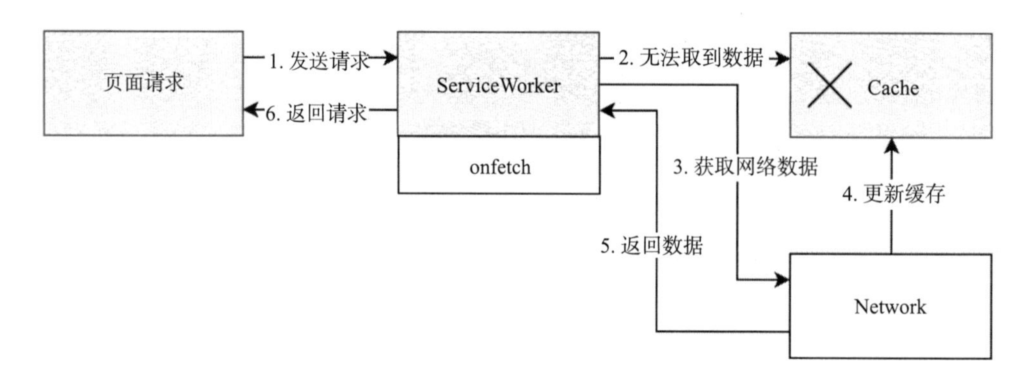

图 6-18　缓存优先策略——没有命中缓存时

这种策略对于一些不变化的资源数据很合适。实现代码如下：

```
self.addEventListener("fetch", event => {
  event.respondWith(
    caches.match(event.request).then(cacheData => {
      if (cacheData) {
        return cacheData;
      }

      return fetch(event.request).then(response => {
        caches.open("cache-data").then(cache => {
          cache.put(event.request, response.clone());
          return response;
```

```
          });
        });
      })
    );
  });
```

4. 网络优先策略

“网络优先策略”意味着所有请求均从网络获取，并对获取后的数据进行缓存。当网络不可用时，再从缓存中获取数据。该策略如图 6-19 和图 6-20 所示。

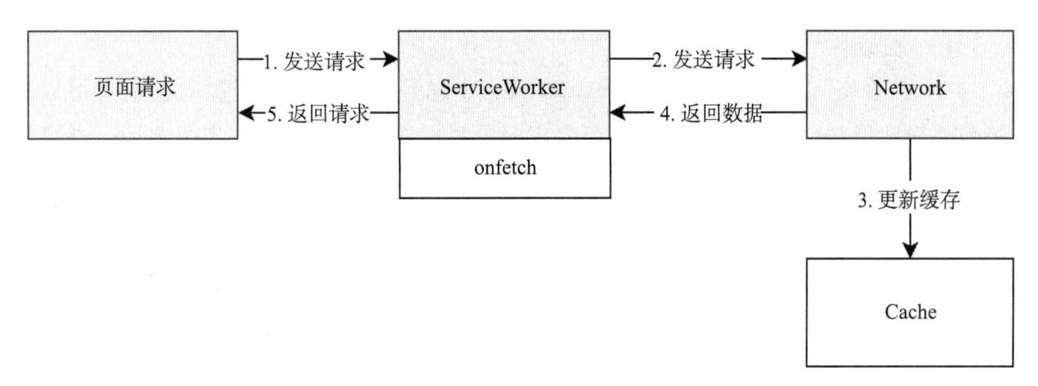

图 6-19　网络优先策略——网络正常时

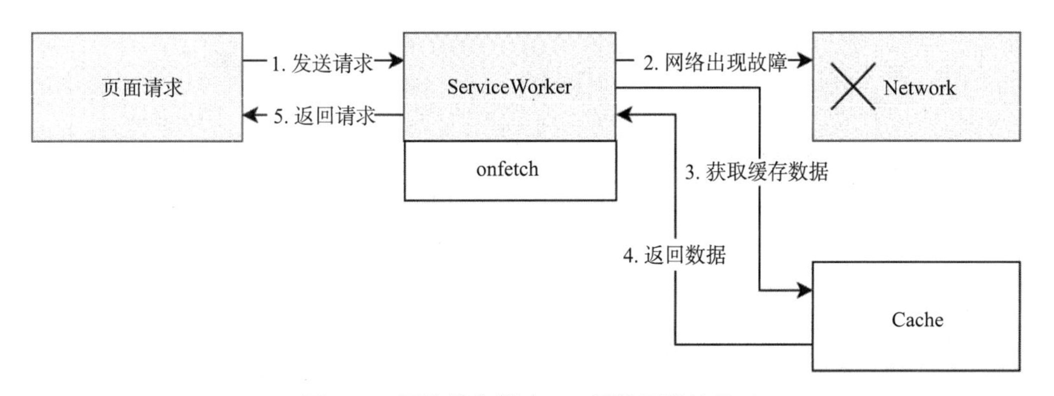

图 6-20　网络优先策略——网络不能访问时

这个策略对于既需要最新的网络数据资源，又要保障网络不稳定时的资源可靠性的情况非常适用。实现代码如下：

```
self.addEventListener("fetch", event => {
  event.respondWith(
    fetch(event.request)
      .then(response => {
```

```
          caches.open("cache-data").then(cache => {
            cache.put(event.request, response.clone());
            return response;
          });
        })
        .catch(() => {
          return caches.match(event.request);
        })
    );
  });
```

5. 上一次策略

“上一次策略”也称 stale-while-revalidate，意思是当重新验证资源时，用户可以先从缓存进行数据响应，当重新验证资源完成时，再对缓存进行更新。简单来说，就是当存在命中缓存时，使用上一次的缓存，并获取新资源更新缓存；当没有命中缓存时，进行网络资源获取并更新缓存。该策略如图 6-21 和图 6-22 所示。

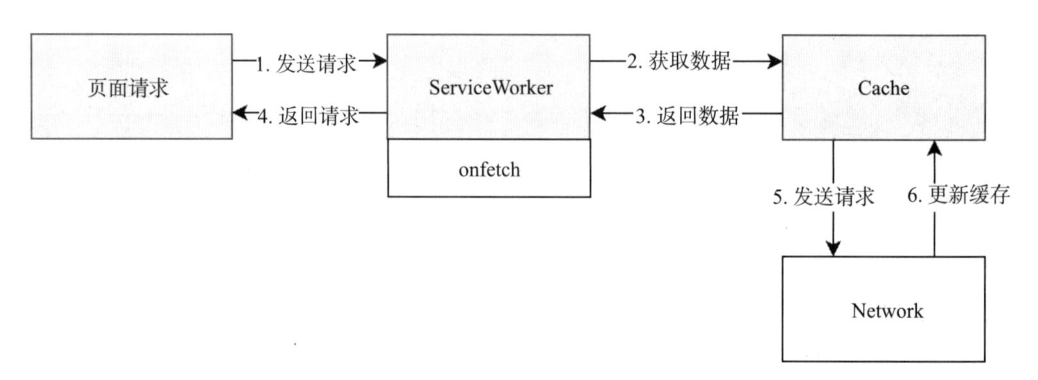

图 6-21 上一次策略——缓存中命中数据时

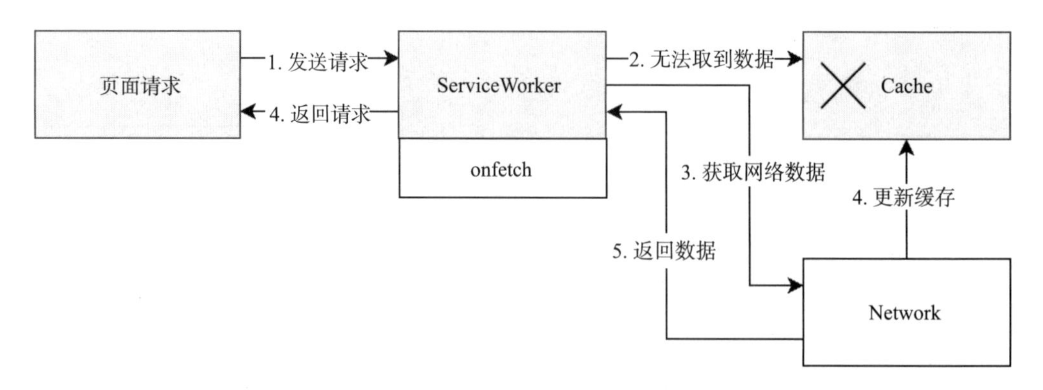

图 6-22 上一次策略——缓存中没有命中数据时

这种策略的好处在于能够尽可能地保证请求的数据资源是新的，且有较好的数据可靠性。对于不需要数据资源最新的情况下，且经常更新线上资源内容的场景很合适。该策略会保证当前资源最新的内容会在用户下一次打开时显示。实现代码如下：

```
self.addEventListener("fetch", event => {
  event.respondWith(
    caches.match(event.request).then(cacheData => {
      const networkRes = fetch(event.request).then(response => {
        caches.open("cache-data").then(cache => {
          cache.put(event.request, response.clone());
          return response;
        });
      });

      return cacheData || networkRes;
    })
  );
});
```

6.5　推送通知

本节主要讲解推送通知的实践，包含应用服务器端和前端部分。

6.5.1　Web Push 库的选择

前面章节对 Web Push 协议进行了讲解，以自行写代码的方式实现协议成本过高，所以建议使用已经封装好的 Web Push 库。首先要确定应用服务器端的后台语言，根据不同的后台语言来选择不同的 Web Push 库。

Web Push 库建议从 https://github.com/web-push-libs 中根据不同后端语言进行选择。该库目前支持的后端语言版本有：

- NodeJS
- PHP
- Java
- Python
- C#

开发人员可根据实际语言环境选择使用。

6.5.2 应用服务器后端搭建

作为 Web 前端开发者，这里可以使用比较熟悉的 Node.js 来开发应用服务器的后端接口。

1. 生成 VAPID 密钥

推送中必要的 VAPID 密钥可通过在命令行中执行 web-push 命令生成，如图 6-23 所示。

图 6-23 通过 web-push 生成 VAPID 密钥

将生成的密钥进行保存，用于后端接口部分的配置。

2. 后端接口

这里我们主要提供推送相关的功能接口，包括：

- 公钥接口：浏览器在订阅推送服务器时，需要用到公钥。
- 存储订阅信息接口：当浏览器订阅成功后，需要提供订阅存储接口用于将订阅信息存储到应用服务器。进行消息推送时，应用服务器取出存储的订阅信息，进行逐个推送。
- 推送消息接口：提供一个消息推送接口，用于应用服务器消息的推送功能。

进入后端项目目录下，我们首先安装依赖，如下所示：

```
npm i express web-push body-parser
```

根据功能接口编写具体的实现代码。在项目目录下创建 app.js 文件，代码如下所示：

```
const express = require("express");
const webpush = require("web-push");
const bodyParser = require("body-parser");
const db = require("./db"); // 这里可以自行选择存储的方法，用于存储订阅信息

// 生成的 VAPID
const VAPID_PUBLIC_KEY =
  "BBSIeo0HO2b3A6f2_IByBl8MxB2EC5as5VzGYkGwuH5ASq3fEv7_
  Ok4xIQBEn9uSmcxJkxTz5Nk1R_C0-vdv668";
const VAPID_PRIVATE_KEY = "LgWZ3On031mu1SAzcuIWTVzcvkD-3APgdDebYPTAuxs";
```

```
const app = express();

app.use(bodyParser.json());

// 公钥获取接口
app.get("/get-public-key", (req, res) => {
  res.send(VAPID_PUBLIC_KEY);
});

// 存储订阅信息接口
app.post("/save-subscription", (req, res) => {
  // 获取订阅信息，进行存储
  db.add(req.body.subscription);
  res.sendStatus(201);
});

// 发送消息接口
app.post("/send-push", (req, res) => {
  const options = {
    vapidDetails: {
      subject: "http://test.test",
      publicKey: VAPID_PUBLIC_KEY,
      privateKey: VAPID_PRIVATE_KEY
    },
    TTL: 60 * 60
  };
  const subscriptions = db.getAll(); // 获取存储的所有订阅信息
  const msg = req.body.content;

  subscriptions.map(subscription => {
    // 对每一个订阅者进行消息发送
    webpush
      .sendNotification(subscription, msg, options)
      .then(() => {
        res.status(200).send({ success: true });
      })
      .catch(err => {
        if (err.statusCode) {
          // 订阅信息无效，则删除存储在应用服务器的订阅信息
          if (err.statusCode == 404 || err.statusCode == 410) {
            db.delete(subscription);
          }
          res.status(err.statusCode).send(err.body);
        } else {
          res.status(400).send(err.message);
        }
      });
  });
```

```
});

app.use("/", express.static("static"));

// 开启服务
const server = app.listen("3000", () => {
  console.log("应用服务器服务运行在端口: " + server.address().port);
  console.log("按 Ctrl+C 退出。");
});
```

上面代码中的 db 可以根据自己的喜好来选择。

6.5.3 前端页面搭建

在前端部分我们主要实现浏览器与推送服务器的订阅，以及应用服务器后端接口的通信。

我们在项目目录下创建 static 目录，并在 static 目录下创建 index.html 和 sw.js。

sw.js 主要用来监听 push 事件，并将 push 事件中的推送数据通过 Notification 展示出来，代码如下所示：

```
// 主要用来监听 push 事件，并用 Notification 显示出来
self.addEventListener("push", event => {
  event.waitUntil(
    self.registration.showNotification("收到推送消息", {
      body: event.data && event.data.text()
    })
  );
});
```

index.html 主要用来订阅信息并与应用服务器后端接口通信，代码如下所示：

```
<!DOCTYPE html>
<html>
  <head>
    <meta charset="UTF-8" />
    <title>推送通知</title>
  </head>
  <body>
    <input type="text" id="content" value="这是一条消息" />
    <button id="send">发送推送通知</button>

    <script type="module">
      navigator.serviceWorker
        .register("sw.js")
        .then(registration => {
          return registration.pushManager
```

```
        .getSubscription() // 获取订阅信息
        .then(async subscription => {
          if (subscription) {
            return subscription;
          }
          const response = await fetch("/get-public-key"); // 获取 VAPID 公钥
          const vapidPublicKey = await response.text();
          const convertedVapidKey = base64UrlToUint8Array(vapidPublicKey);
          return registration.pushManager.subscribe({
            // 订阅
            userVisibleOnly: true,
            applicationServerKey: convertedVapidKey
          });
        });
    })
    .then(subscription => {
      // 将订阅信息发送给应用服务器
      fetch("/save-subscription", {
        method: "post",
        headers: {
          "Content-type": "application/json"
        },
        body: JSON.stringify({
          subscription: subscription
        })
      });

      document.getElementById("send").onclick = () => {
        // 发送推送通知
        const content = document.getElementById("content").value;

        fetch("/send-push", {
          method: "post",
          headers: {
            "Content-type": "application/json"
          },
          body: JSON.stringify({
            content: content
          })
        });
      };
    });

  function base64UrlToUint8Array(base64UrlData) {
    const padding = "=".repeat((4 - (base64UrlData.length % 4)) % 4);
    const base64 = (base64UrlData + padding)
      .replace(/\-/g, "+")
      .replace(/_/g, "/");
```

```
        const rawData = window.atob(base64);
        const buffer = new Uint8Array(rawData.length);

        for (let i = 0; i < rawData.length; ++i) {
          buffer[i] = rawData.charCodeAt(i);
        }
        return buffer;
      }
    </script>
  </body>
</html>
```

6.5.4 效果

在命令行中，进入项目目录，执行命令 node app.js，启动后端服务，如图 6-24 所示。

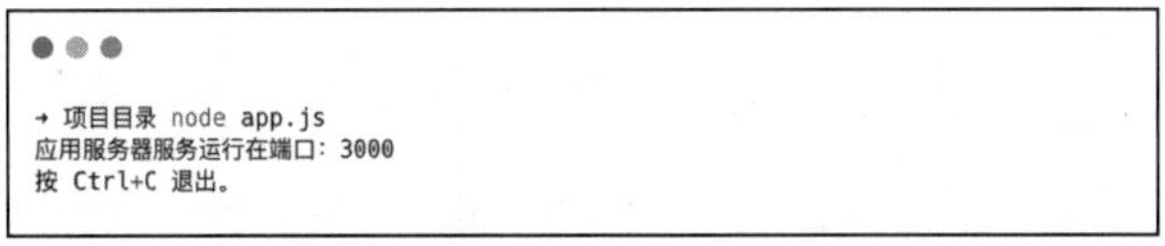

```
→ 项目目录 node app.js
应用服务器服务运行在端口: 3000
按 Ctrl+C 退出。
```

图 6-24 命令行中启动后端服务

在浏览器中打开网址 http://127.0.0.1:3000，通过 Network 面板可以看到 index.html 页面进行了公钥获取和订阅信息存储操作，如图 6-25 所示。

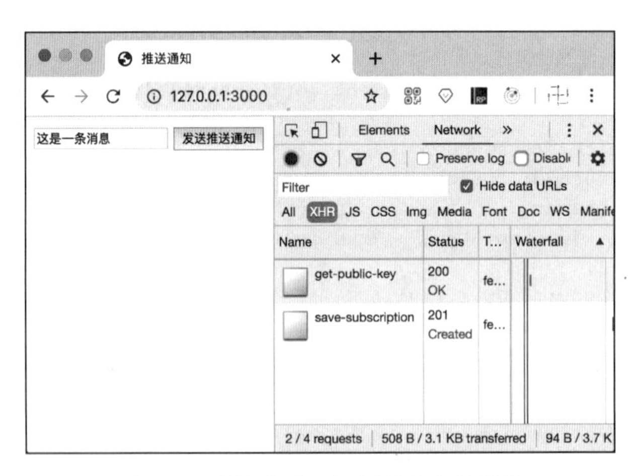

图 6-25 公钥获取和订阅信息存储操作

单击“发送推送通知”按钮，可以看到订阅的浏览器收到了推送消息，并通过 Notification 进行展示，如图 6-26 所示。

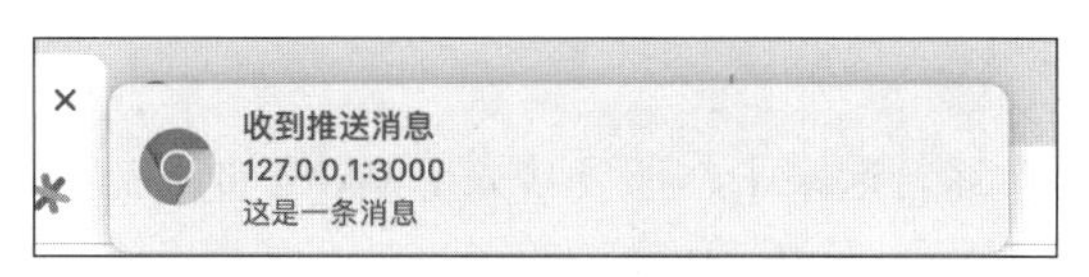

图 6-26　订阅的浏览器收到推送消息

6.5.5　无法推送 / 订阅

由于国内网络和 Google 的服务间可能存在无法访问的问题，所以如果使用 Chrome 进行订阅和推送可能面临失败。测试阶段可以尝试使用 Microsoft Edge 浏览器或者 Firefox 浏览器，这两个浏览器对推送服务有很好的支持，且在国内可正常访问。

6.6　改造网站为 PWA

在本节中，我们进行实际网站的 PWA 改造。这里基于一个新闻站点来进行 PWA 改造接入。

6.6.1　准备

进入“PWA-Book/ 改造你的网站为 PWA”目录，在命令行中执行 npm i 来安装网站依赖，安装完成后，在命令行中执行 node app.js 命令启动网站服务。

启动完成后，在浏览器中打开 http://127.0.0.1:3000，可以看到我们要改造的新闻站点，如图 6-27 所示。

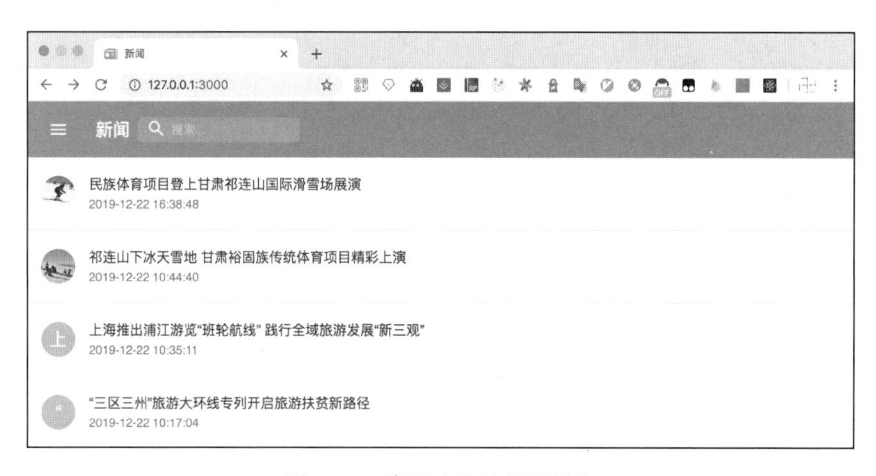

图 6-27　将要改造的新闻站点

6.6.2 PWA 检测

我们的网站已经正常运行起来了，那要接入 PWA 该如何入手呢?

这里需要借助 Chrome DevTools 的 Audits(Lighthouse) 工具来进行站点 PWA 的检测。在站点中打开 Audits，如图 6-28 所示。

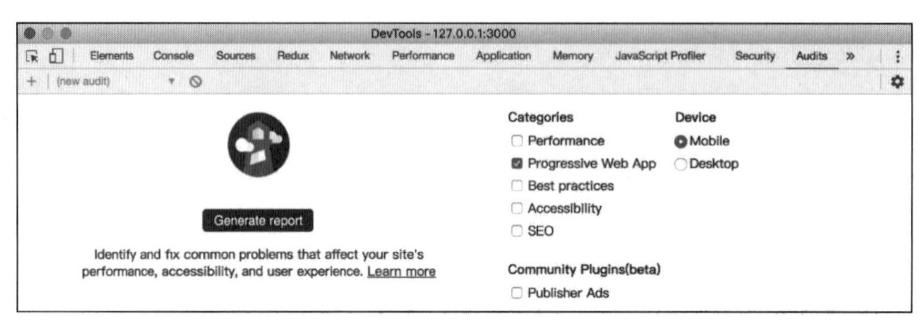

图 6-28　Audits 面板

在面板的 Categories 框中选中 Progressive Web App 复选框，然后单击 Generate report 按钮，生成报告。

6.6.3 PWA 改造

下面根据生成报告中的建议，一步步进行 PWA 改造接入。

1. 注册 Service Worker

在网站中打开 Application 面板，可以看到 Service Worker 还没有接入，如图 6-29 所示。

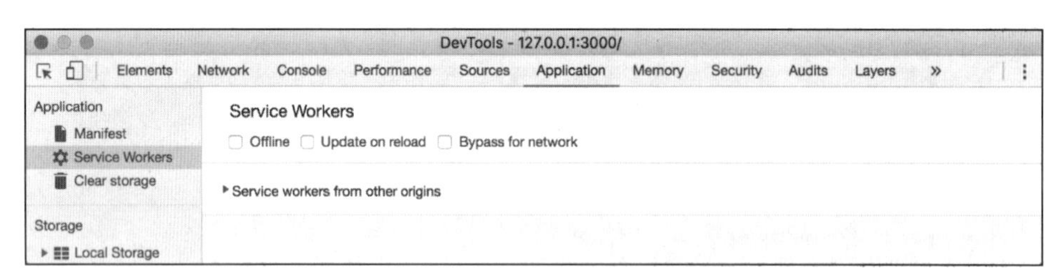

图 6-29　Service Worker 未接入

首先注册 Service Worker 文件。这里按照前面介绍的接入方案接入。

在 /static 目录下，先创建空的 Service Worker 文件 sw.js，然后创建 sw.reg.mgr.js 用于注册 sw.js 及处理线程的相关事件。sw.reg.mgr.js 代码如下所示：

```
(function() {
  register({ // 注册 Service Worker 文件
    ver: 1,
    path: "",
    name: "sw.js",
    onUpdate: function() {},
    onSuccess: function() {},
    onRegster: function() {}
  });

  /* = = = = = = = = = = =
   *     - 功能函数 -     |
   * - - - - - - - - - - */
   // ...
});
```

修改 /static/index.html 文件，加入添加 sw.reg.mgr.js 的脚本，代码如下所示：

```
<script type="module">
  (function() { // 防止污染
    if (window.addEventListener) {
      window.addEventListener("load", () => {
        var script = document.createElement("script");
        script.src = "sw.reg.mgr.js?t=" + Date.now(); // 无缓存引用
        script.async = true;
        script.type = "text/javascript";
        script.crossOrigin = "anonymous";
        document.head.insertBefore(script, document.head.firstChild);
      });
    }
  })();
</script>
```

保存修改后，刷新页面，再次打开 Application 面板可以看到 Service Worker 已经注册成功，如图 6-30 所示。

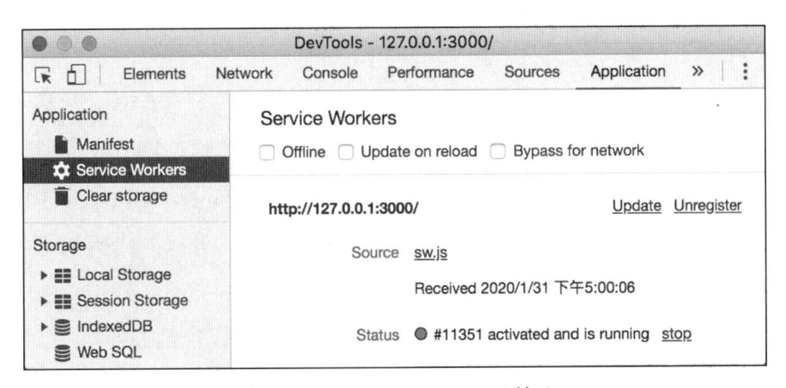

图 6-30　Service Worker 已接入

2. 添加 manifest.json

查看 Audits 的报告，可以看到 manifest.json 未添加，如图 6-31 所示。

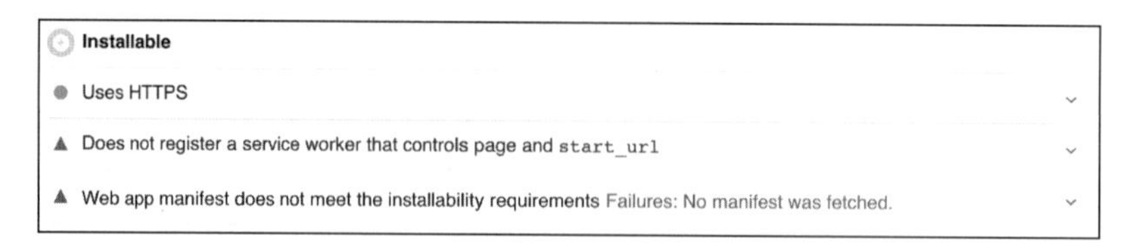

图 6-31　Audits 中 Manifest 部分的建议

在 /static 目录下，创建 manifest.json 文件，并添加必要字段信息，代码如下所示：

```
{
  "short_name": " 新闻 ",
  "name": " 新闻 ",
  "icons": [
    {
      "src": "favicon.ico",
      "sizes": "64x64 32x32 24x24 16x16",
      "type": "image/x-icon"
    },
    {
      "src": "icons/192x192.png",
      "sizes": "192x192",
      "type": "image/png"
    }
  ],
  "start_url": "/?pwa",
  "display": "standalone",
  "theme_color": "#1890ff",
  "background_color": "#ffffff"
}
```

修改 /static/index.html，在 <head>……</head> 标签中加入 manifest.json 的引用代码，如下所示：

```
<link rel="manifest" href="manifest.json" />
```

保存修改后，刷新页面，可以看到 Manifest 已经生效了，如图 6-32 所示。

但此时并不会触发安装桌面事件，可以看到警告消息 Page does not work offline。我们先在空的 sw.js 中加入一行 fetch 事件代码来临时解决这个问题，代码如下所示：

```
self.addEventListener("fetch", () => {});
```

保存修改后，刷新页面，可以看到 Manifest 已经没有警告消息了，并且地址栏中也出现了安装到桌面的图标，如图 6-33 所示。

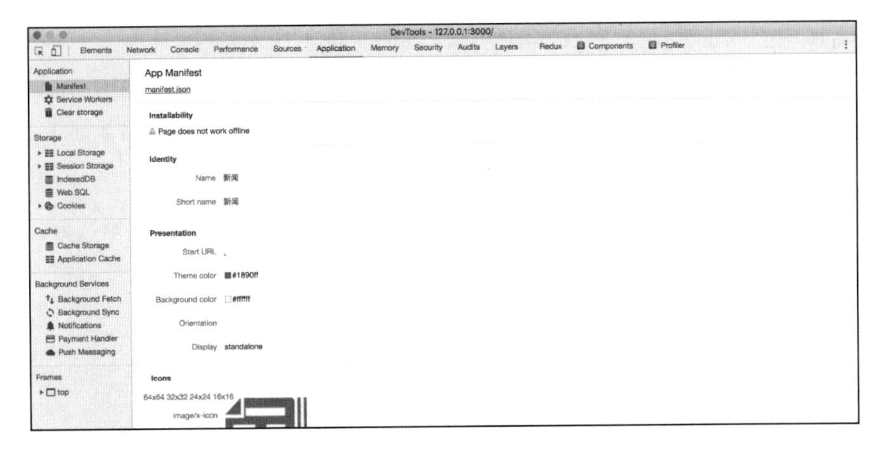

图 6-32　Manifest 接入状态

图 6-33　Manifest 成功接入

3. 添加离线能力

查看 Audits 的报告，可以看到离线能力未添加，如图 6-34 所示。

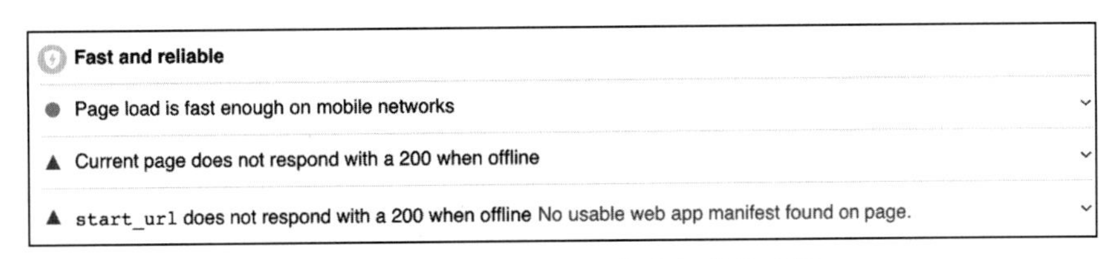

图 6-34　Audits 中离线能力部分的建议

接下来我们接入站点的离线能力，这里使用 workbox 库来处理。

在 sw. js 中引入 workbox 库及常用初始化代码，如下所示：

```
importScripts("https://storage.googleapis.com/workbox-cdn/releases/3.6.3/workbox-sw.js");

workbox.setConfig({
  debug: false
});

workbox.core.setLogLevel(workbox.core.LOG_LEVELS.debug);

workbox.skipWaiting();
workbox.clientsClaim();
```

在 sw.js 添加对 sw.reg.mgr.js 文件的无缓存化处理逻辑，代码如下：

```
workbox.routing.registerRoute(
  /sw\.reg\.mgr\.js/gi,
  workbox.strategies.networkOnly(),
  "GET"
);
```

然后对站点的静态资源进行预缓存离线处理，代码如下：

```
workbox.precaching.suppressWarnings(false);
workbox.precaching.precacheAndRoute([
  "static/css/1.99c565b2.chunk.css",
  "static/css/main.893db8a5.chunk.css",
  "static/js/1.27df3fa1.chunk.js",
  "static/js/main.246c1729.chunk.js",
  "static/js/runtime~main.229c360f.js",
  "static/media/about.422c920e.jpg",
  {
    url: "index.html",
    revision: "1"
  }
]);
```

因为 index.html 没有版本作为标志，所以使用 vesion 来区分文件。vesion 可以通过 workbox-cli 工具进行 hash 生成，也可以自己填写，值为任意字符串。当文件发生变化时再改为一个不一样的字符串值就可以。

保存修改后，刷新页面，可以看到 Service Worker 对资源进行了预先缓存，如图 6-35 所示。

再次进入页面后，可以看到预加载的请求都由 Service Worker 直接从 Cache 中取出，响应速度非常快，且离线时也可用，如图 6-36 所示。

在使用过程中可以看到，新闻接口 http://127.0.0.1:3000/news 的获取速度较慢，长达 1.5s，如图 6-37 所示。

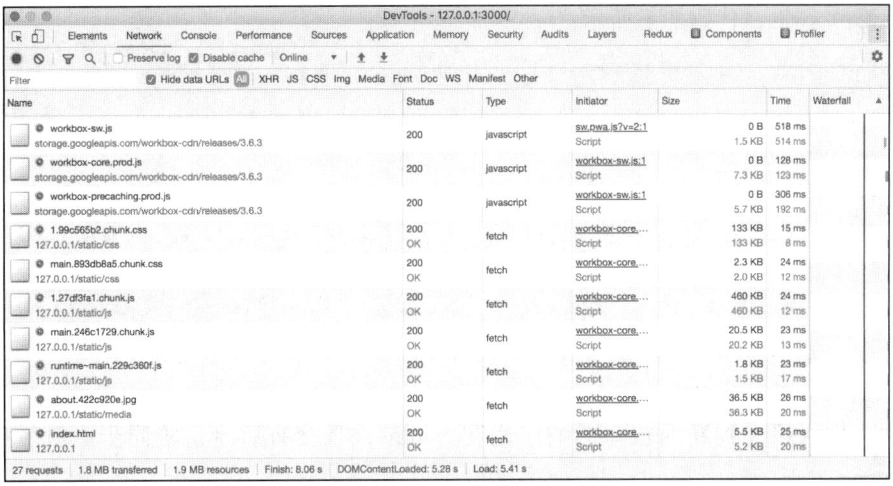

DevTools - 127.0.0.1:3000/

Elements　Network　Console　Performance　Sources　Application　Memory　Security　Audits　Layers　Redux　Components　Profiler

Preserve log　Disable cache　Online

Filter　Hide data URLs　All　XHR　JS　CSS　Img　Media　Font　Doc　WS　Manifest　Other

Name	Status	Type	Initiator	Size	Time	Waterfall
workbox-sw.js storage.googleapis.com/workbox-cdn/releases/3.6.3	200	javascript	sw.pwa.js?v=2:1 Script	0 B 1.5 KB	518 ms 514 ms	
workbox-core.prod.js storage.googleapis.com/workbox-cdn/releases/3.6.3	200	javascript	workbox-sw.js:1 Script	0 B 7.3 KB	128 ms 123 ms	
workbox-precaching.prod.js storage.googleapis.com/workbox-cdn/releases/3.6.3	200	javascript	workbox-sw.js:1 Script	0 B 5.7 KB	306 ms 192 ms	
1.99c565b2.chunk.css 127.0.0.1/static/css	200 OK	fetch	workbox-core.... Script	133 KB 133 KB	15 ms 8 ms	
main.893db8a5.chunk.css 127.0.0.1/static/css	200 OK	fetch	workbox-core.... Script	2.3 KB 2.0 KB	24 ms 12 ms	
1.27df3fa1.chunk.js 127.0.0.1/static/js	200 OK	fetch	workbox-core.... Script	460 KB 460 KB	24 ms 12 ms	
main.246c1729.chunk.js 127.0.0.1/static/js	200 OK	fetch	workbox-core.... Script	20.5 KB 20.2 KB	23 ms 13 ms	
runtime~main.229c360f.js 127.0.0.1/static/js	200 OK	fetch	workbox-core.... Script	1.8 KB 1.5 KB	23 ms 17 ms	
about.422c920e.jpg 127.0.0.1/static/media	200 OK	fetch	workbox-core.... Script	36.5 KB 36.3 KB	26 ms 20 ms	
index.html 127.0.0.1	200 OK	fetch	workbox-core.... Script	5.5 KB 5.2 KB	25 ms 20 ms	

27 requests | 1.8 MB transferred | 1.9 MB resources | Finish: 8.06 s | DOMContentLoaded: 5.28 s | Load: 5.41 s

图 6-35　Service Worker 对资源进行了预缓存

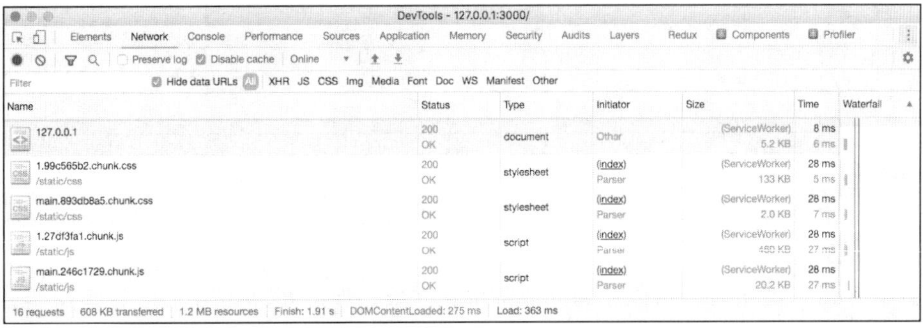

DevTools - 127.0.0.1:3000/

Elements　Network　Console　Performance　Sources　Application　Memory　Security　Audits　Layers　Redux　Components　Profiler

Preserve log　Disable cache　Online

Filter　Hide data URLs　All　XHR　JS　CSS　Img　Media　Font　Doc　WS　Manifest　Other

Name	Status	Type	Initiator	Size	Time	Waterfall
127.0.0.1	200 OK	document	Other	(ServiceWorker) 5.2 KB	8 ms 6 ms	
1.99c565b2.chunk.css /static/css	200 OK	stylesheet	(index) Parser	(ServiceWorker) 133 KB	28 ms 5 ms	
main.893db8a5.chunk.css /static/css	200 OK	stylesheet	(index) Parser	(ServiceWorker) 2.0 KB	28 ms 7 ms	
1.27df3fa1.chunk.js /static/js	200 OK	script	(index) Parser	(ServiceWorker) 460 KB	28 ms 27 ms	
main.246c1729.chunk.js /static/js	200 OK	script	(index) Parser	(ServiceWorker) 20.2 KB	28 ms 27 ms	

16 requests | 608 KB transferred | 1.2 MB resources | Finish: 1.91 s | DOMContentLoaded: 275 ms | Load: 363 ms

图 6-36　静态资源请求从离线缓存中响应

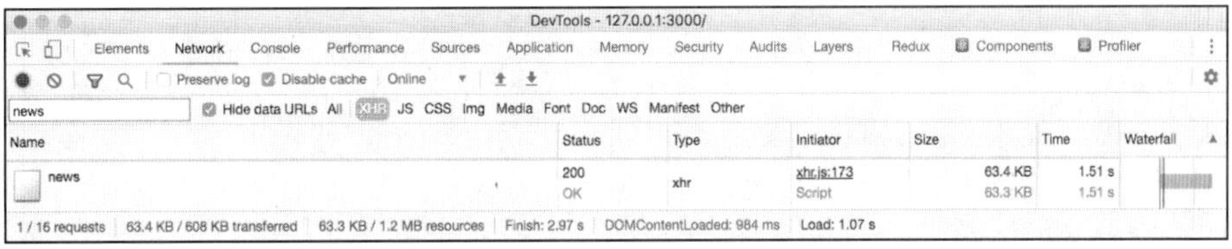

DevTools - 127.0.0.1:3000/

Elements　Network　Console　Performance　Sources　Application　Memory　Security　Audits　Layers　Redux　Components　Profiler

Preserve log　Disable cache　Online

news　Hide data URLs　All　XHR　JS　CSS　Img　Media　Font　Doc　WS　Manifest　Other

Name	Status	Type	Initiator	Size	Time	Waterfall
news	200 OK	xhr	xhr.js:173 Script	63.4 KB 63.3 KB	1.51 s 1.51 s	

1 / 16 requests | 63.4 KB / 608 KB transferred | 63.3 KB / 1.2 MB resources | Finish: 2.97 s | DOMContentLoaded: 984 ms | Load: 1.07 s

图 6-37　新闻接口响应较慢

根据场景分析，对新闻的实效可以不做到实时获取，所以可以做一下缓存优化，采用 staleWhileRevalidate 策略来保证接口数据的离线响应速度，并保证接口数据可以后台更新。修改 sw.js，代码如下所示：

```
workbox.routing.registerRoute(
  "/news",
  workbox.strategies.staleWhileRevalidate({
    cacheName: "news-datas",
    plugins: [
      new workbox.expiration.Plugin({
        maxAgeSeconds: 24 * 60 * 60, // 1 天内有效，过期则直接发送网络请求
        purgeOnQuotaError: true
      })
    ]
  })
);
```

优化后可以看到新闻接口的响应速度为 6ms，且会有后台请求同步更新缓存，如图 6-38 所示。

Name	Status	Type	Initiator	Size	Time
news	200 OK	xhr	xhr.js:179 Script	(ServiceWorker) 63.3 KB	6 ms 4 ms
news 127.0.0.1	200 OK	fetch	workbox-core.... Script	63.4 KB 63.3 KB	1.51 s 1.51 s

2 / 17 requests | 63.4 KB / 608 KB transferred | 127 KB / 1.3 MB resources | Finish: 2.08 s | DOMContentLoaded: 569 ms | Load: 796 ms

图 6-38　优化后的新闻接口请求速度及状态

4. iOS 适配

查看 Audits 的报告，可以看到 iOS 的优化建议，如图 6-39 所示。

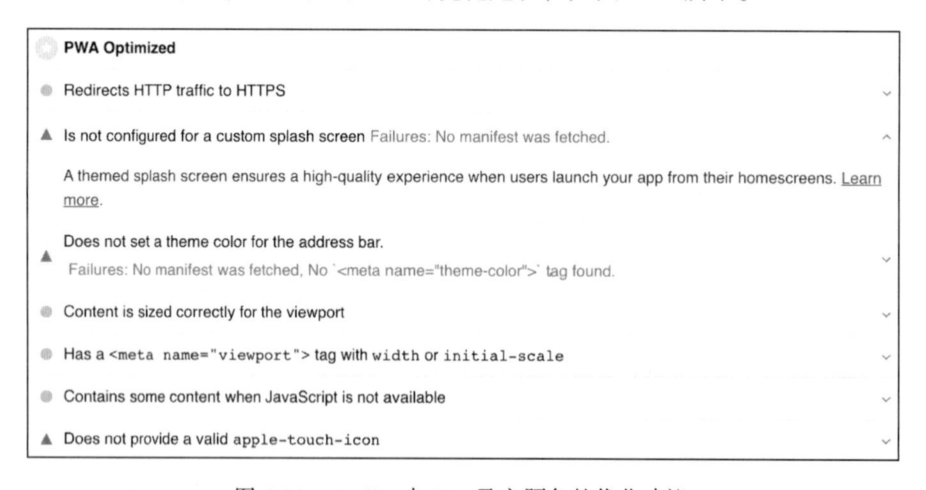

图 6-39　Audits 中 iOS 及主题色的优化建议

前面介绍过，iOS 环境下暂时不支持 Manifest，需要额外的 apple meta 来适配。我们直接使用兼容脚本 pwacompat 来适配这个问题。修改 index.html，在 manifest.json 引入的代码后面加入 pwacompat 脚本，代码如下所示：

```
<link rel="manifest" href="manifest.json" />
<script
src="https://unpkg.com/pwacompat@2.0.9/pwacompat.min.js"
crossorigin="anonymous"></script>
```

主题色也需要在 index.html 中通过 meta 来适配，代码如下所示：

```
<meta name="theme-color" content="#1890ff" />
```

5. 网站离线状态的同步

对于网站离线能力的安装和 Service Worker 版本的更换，可以设置为用户可见，以此提升用户体验。

新闻网站内部已经加入了对 Service Worker 线程安装和更新的事件监听，监听的代码如下所示：

```
window.addEventListener("sw.update", () => {
  this.setState({ showSW: "update" });
});
window.addEventListener("sw.success", () => {
  this.setState({ showSW: "success" });
});
```

所以我们需要修改一下 sw.reg.mgr.js 文件，来实现 Service Worker 状态的同步通知。修改 register 方法中的两个事件钩子进行事件抛出，来触发新闻网站的内部监听代码。sw.reg.mgr.js 中的代码修改后如下所示：

```
register({
  ver: 2,
  path: "",
  name: "sw.js",
  onUpdate: () => {
    const event = document.createEvent("Event");
    event.initEvent("sw.update", true, true);
    window.dispatchEvent(event);
  },
  onSuccess: () => {
    const event = document.createEvent("Event");
    event.initEvent("sw.success", true, true);
    window.dispatchEvent(event);
  }
});
```

保存修改后，刷新页面，可以看到离线资源缓存完成后，用户可以收到相应的通知消息，如图 6-40 所示。

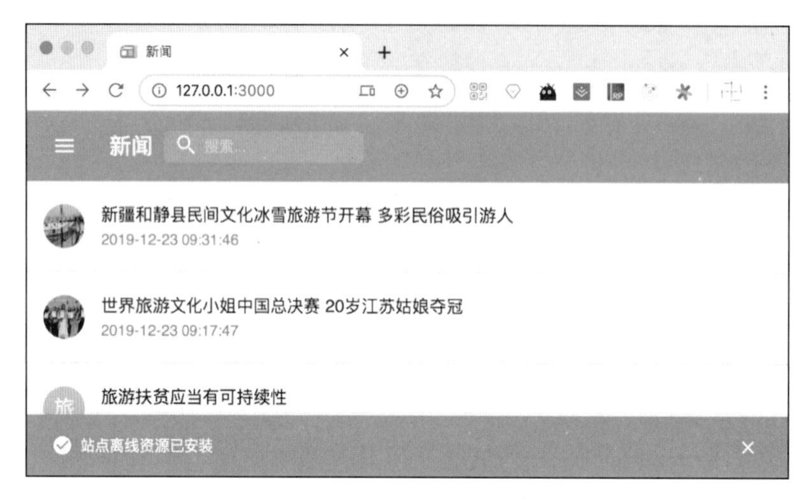

图 6-40　离线资源缓存后的事件通知

修改 sw.js 后，用户可以收到更新的通知，如图 6-41 所示。

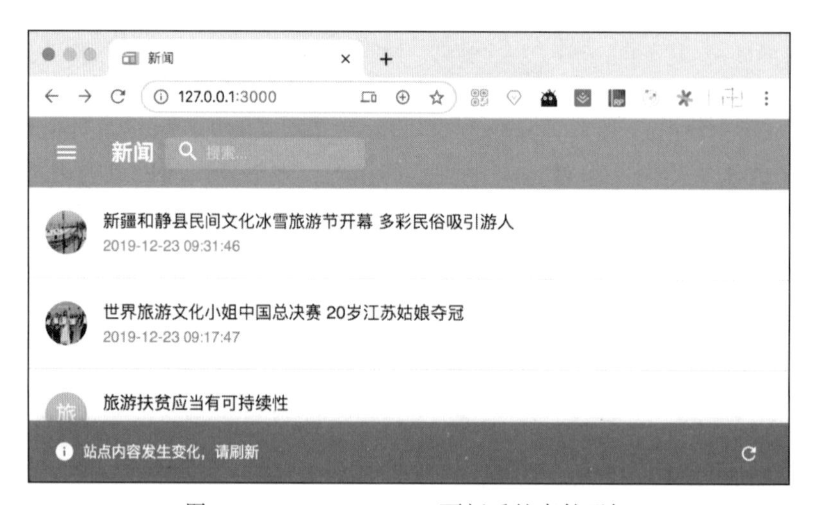

图 6-41　Service Worker 更新后的事件通知

6. 对白屏等待情况的处理

在没有缓存且低网速的情况下，即使 index.html 下载完成，也会发生长时间的白屏时间，直至核心 JS 文件加载完成后才开始绘制页面，这样带给用户的体验是不佳的。比较好的方式是在等待资源加载的时候页面中能够有一些用来过渡的内容，如骨架屏等。

下面修改 index.html，为等待资源的白屏加入过渡样式。添加以下样式：

```
<!-- 过渡样式 -->
<style>
  .skeleton {
    position: absolute;
    top: 0;
    left: 0;
    right: 0;
    bottom: 0;
    background-color: #f2f5f9;
  }
  .skeleton-splash {
    width: 100px;
    height: 100px;
    position: absolute;
    top: 50%;
    left: 50%;
    margin: -50px 0 0 -50px;
  }
  .skeleton-splash-1,
  .skeleton-splash-2 {
    width: 100%;
    height: 100%;
    border-radius: 50%;
    background-color: #08979c;
    opacity: 0.5;
    position: absolute;
    top: 0;
    left: 0;
    animation: splash 2s infinite;
  }
  .skeleton-splash-2 {
    animation-delay: -1s;
  }
  @keyframes splash {
    0%,
    to {
      transform: scale(0);
    }
    50% {
      transform: scale(1);
    }
  }
</style>
<!-- 过渡结构 -->
```

```
<div id="root">
  <div class="skeleton">
    <div class="skeleton-splash">
      <div class="skeleton-splash-1"></div>
      <div class="skeleton-splash-2"></div>
    </div>
  </div>
</div>
```

然后还需要对 index.html 中的资源进行预加载以保证不影响过渡样式的绘制时间。修改 index.html，为 CSS 文件加入预加载处理，代码如下所示：

```
<link
  href="/static/css/1.99c565b2.chunk.css"
  rel="preload"
  as="style"
  onload="this.onload=null;this.rel='stylesheet';"
/>
<link
  href="/static/css/main.893db8a5.chunk.css"
  rel="preload"
  as="style"
  onload="this.onload=null;this.rel='stylesheet';"
/>
```

对于不支持 preload 的浏览器，需要进行兼容适配处理，这里使用 cssrelpreload.js 脚本来适配。在 index.html 中加入适配脚本，代码如下所示：

```
<script
  src="https://unpkg.com/fg-loadcss@2.1.0/src/cssrelpreload.js"
  defer
></script>
```

保存修改后，可以通过 Performance 看到，在 index.html 解析完成后，白屏即可开始过渡动画，此时其他资源还在加载中，未对白屏动画造成影响。效果如图 6-42 所示。

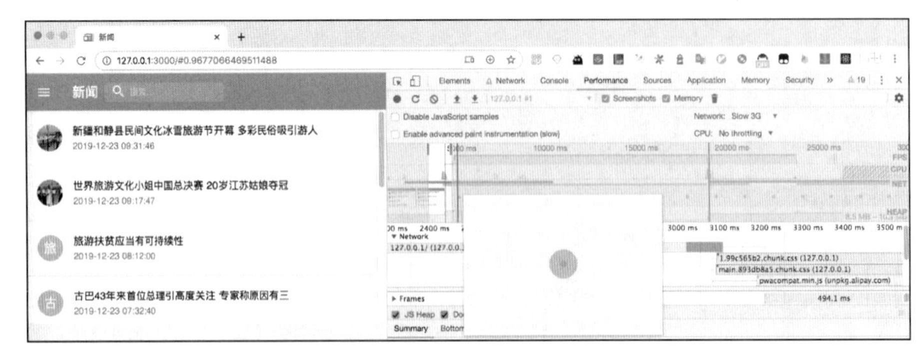

图 6-42 优化后的白屏效果

6.6.4 重新评测网站

对网站进行了上面的专项修改后，再使用 Audits 工具进行重新评测。评测结果如图 6-43 所示。

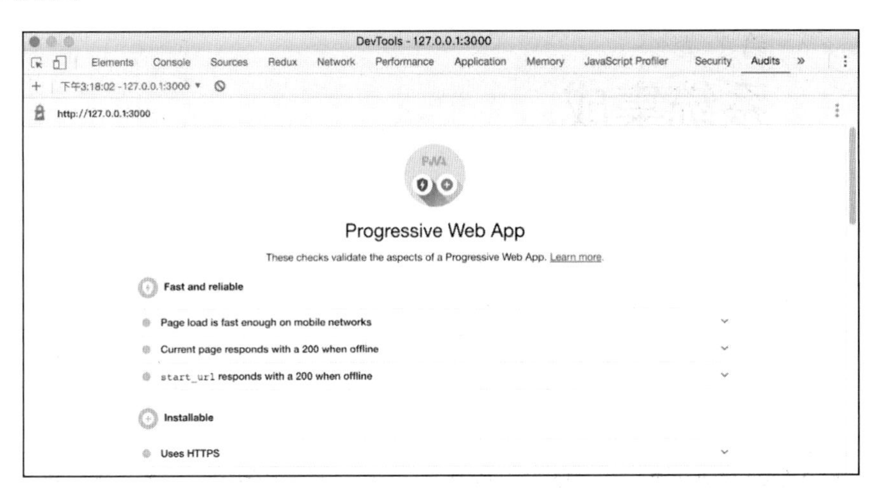

图 6-43 重新评测后的报告

可以看到全部优化完成。出现“Does not provide a valid apple-touch-icon”的警告是因为 pwacompat.js 适配脚本在做适配时会判断是否为 Safari，如果是，则会添加适配代码。因 Audits 评测时是用 Chrome 运行的，所以没有添加适配代码，因此不需要关注这个警告消息。

6.7 本章小结

读完本章后，应该对 PWA 相关技术在实际的项目使用方面有所了解。现实项目中遇到类似的实践问题时，可以翻阅本章，相信有可能解决你的问题。

下一章将开始介绍 PWA 通过 Web 技术实现的系统能力集成。

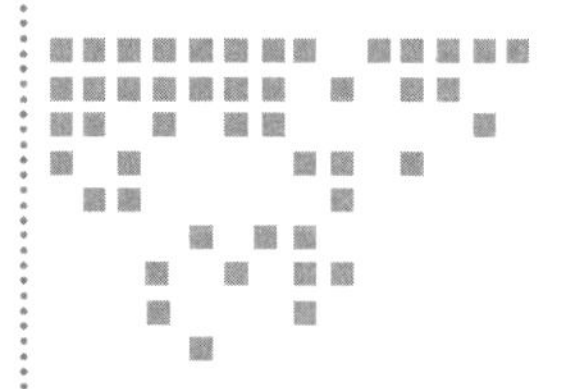

Chapter 7 第 7 章

系统集成

近几年，Web 的功能越来越强大，提供了很多与系统交互相关的 API，这些 API 不断地增加 Web 的能力，拉近 Web 应用与 Native 应用之间的差距，包括操作蓝牙、USB、摄像头、地理定位、语音识别，等等。

本章将介绍负责 Web 系统集成能力开发的项目组 Fugu，以及对新 Web 系统集成能力的一些使用。

7.1 系统集成项目组 Fugu

2018 年 11 月，Chrome 成立 Fugu 项目组，主要促进将 Native 应用的能力赋能到 Web 中，让 Web 可以执行 Natvie 应用能执行的任何操作，同时保证 Web 用户的安全性和隐私性等。简单来说，就是 Native 应用能干什么，Web 应用就能干什么，使应用不需要再依赖于某种框架或者其他工具，直接放在 Web 上就可以使用，让操作更加轻松和简单。

Fugu 的原意是河豚，其 logo 也是一只可爱的河豚，如图 7-1 所示，寓意着它既是“美味”的，可以满足用户的更多需求，带来更好的用户体验，同时它也是“有毒”的，如果处理不好，可能会引发一些安全问题。

图 7-1　Fugu logo

Fugu 项目组的核心工作是定制 API 增强 Web 能力，以及推进 W3C 标准化。目前 Google、Intel、Microsoft 等厂家深度参与其中。至成书时，Fugu 项目组大约产出了比较重要的类 Native 应用能力的 75 个功能，如媒体会话、Web 分享、形状检测、文件读写、串口通信、唤醒锁定，等等。

PWA 结合这些系统集成的能力，让 Web 变得更惊艳了。

7.2　摄像头和麦克风集成

Web 能力中对摄像头和麦克风的访问有很好的 API 支持。下面我们看一下实际中的使用。

7.2.1　音频和视频的捕获

这里可以通过 MediaDevices API 来实现音频和视频的捕获。这个 API 主要用来访问连接媒体输入的设备，如摄像头和麦克风，以及屏幕共享等。

下面实现一个音视频的捕获，用到了 MediaDevices.getUserMedia(MediaStreamConstraints) 方法。它会产生一个媒体内容流的 MediaStream 接口，流中包含多个轨道，比如视频和音频轨道。视频轨道来自硬件或者虚拟视频源，比如相机、视频采集设备和屏幕共享服务等，音频轨道来自硬件或虚拟音频源，比如麦克风、A/D 转换器等。

创建 index.html，代码如下所示：

```
<!DOCTYPE html>
<html>
  <head>
    <meta charset="UTF-8" />
    <meta name="viewport" content="width=device-width, initial-scale=1.0" />
    <title>音视频捕获</title>
  </head>
  <body>
    <div>
      <button id="btnVi">捕获视频</button>
    </div>
    <video id="vi" controls width="350" height="200"></video>
    <div>
      <button id="btnAu">捕获音频</button>
    </div>
    <audio id="au" controls></audio>
  </body>
</html>
```

```
<script type="module">
  document.getElementById("btnVi").onclick = () => {
    getStream("video", document.getElementById("vi"));
  };
  document.getElementById("btnAu").onclick = () => {
    getStream("audio", document.getElementById("au"));
  };

  function getStream(type, el) {
    if (!navigator.mediaDevices) {
      alert("mediaDevices API 不支持 ");
      return;
    }

    navigator.mediaDevices
      .getUserMedia({ [type]: true })
      .then(stream => {
        if ("srcObject" in el) {
          el.srcObject = stream;
        } else {
          el.src = window.URL.createObjectURL(stream);
        }
        el.onloadedmetadata = () => {
          el.play();
        };
      })
      .catch(err => {
        console.log(" 捕获视频错误: ", err);
      });
  }
</script>
```

在浏览器中打开 index.html，单击“捕获视频”按钮，可以看到它需要用户对摄像头进行授权，授权成功后，就可以访问摄像头的内容了，如图 7-2 所示。

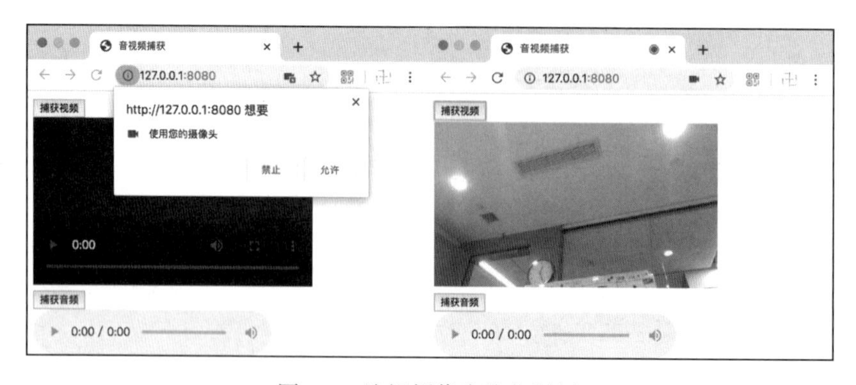

图 7-2　访问摄像头捕获视频

单击“捕获音频”按钮，可以看到它需要用户对麦克风进行授权，授权成功后，就可以访问麦克风的内容了，如图 7-3 所示。

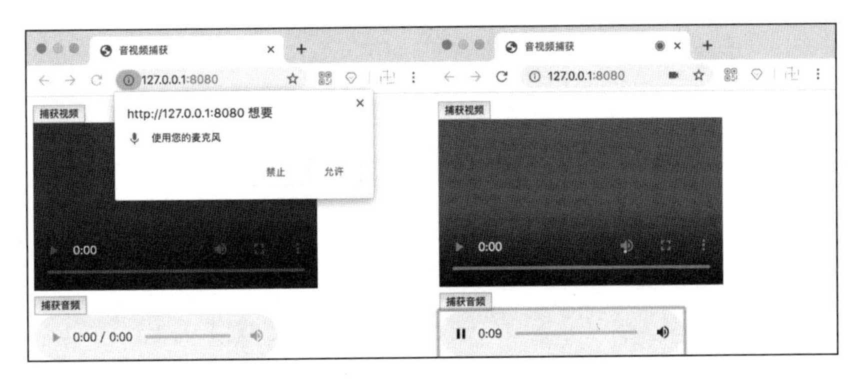

图 7-3　访问麦克风捕获音频

7.2.2　视频流的截图

可以通过 ImageCapture API 来控制设备摄像头的高级设置，例如缩放、白平衡、ISO 或对焦等，并根据这些设置进行照片生成。

基于这个 API 我们来实现对视频内容的截图操作。创建 index.html，代码如下所示：

```
<!DOCTYPE html>
<html>
  <head>
    <meta charset="UTF-8" />
    <meta name="viewport" content="width=device-width, initial-scale=1.0" />
    <title>视频截图</title>
  </head>
  <body>
    <div>
      <button id="btnVi">捕获视频</button>
    </div>
    <video id="vi" controls width="350" height="200"></video>
    <div>
      <button id="btnPhoto">视频截图</button>
    </div>
    <img id="photo" style="border: 1px solid #aaa;width:350px;height:200px;" />
  </body>
</html>

<script type="module">
  let vStream;

  document.getElementById("btnVi").onclick = () => {
```

```
    getStream("video", document.getElementById("vi"));
  };
  document.getElementById("btnPhoto").onclick = () => {
    takePhoto(vStream);
  };

  function getStream(type, el) {
    if (!navigator.mediaDevices) {
      alert("mediaDevices API 不支持");
      return;
    }

    navigator.mediaDevices
      .getUserMedia({ [type]: true })
      .then(stream => {
        vStream = stream;
        if ("srcObject" in el) {
          el.srcObject = stream;
        } else {
          el.src = window.URL.createObjectURL(stream);
        }
        el.onloadedmetadata = () => {
          el.play();
        };
      })
      .catch(err => {
        console.log("捕获视频错误：", err);
      });
  }

  function takePhoto(stream) {
    if (!stream) {
      alert("请先进行视频捕获。");
      return;
    }
    if (!("ImageCapture" in window)) {
      alert("ImageCapture API 不支持。");
      return;
    }

    new ImageCapture(stream.getVideoTracks()[0])
      .takePhoto()
      .then(data => {
        document.getElementById("photo").src = URL.createObjectURL(data);
      })
      .catch(err => console.log("截图错误：", err));
  }
</script>
```

在浏览器中打开 index.html，单击“捕获视频”按钮，可以对摄像头捕获的内容进行实时获取，单击“视频截图”按钮，可以对当前视频画面进行截取，效果如图 7-4 所示。

图 7-4　对视频流画面进行截取

7.2.3　视频流下载

对于视频录制，很多场景下需要提供下载录制的视频的功能。这里可以借助 MediaRecorder API 来实现这个功能。

创建 index.html，代码如下所示：

```
<!DOCTYPE html>
<html>
  <head>
    <meta charset="UTF-8" />
    <meta name="viewport" content="width=device-width, initial-scale=1.0" />
    <title>视频下载</title>
  </head>
  <body>
    <div>
      <button id="btnVi">捕获视频 & 开始记录</button>
    </div>
    <video id="vi" controls width="350" height="200"></video>
    <div>
      <button id="btnPhoto">下载</button>
    </div>
  </body>
```

```
</html>

<script type="module">
  let vStream;
  let vRecorder;
  let recorderData = [];

  document.getElementById("btnVi").onclick = () => {
    getStream(document.getElementById("vi"));
  };
  document.getElementById("btnPhoto").onclick = () => {
    download();
  };

  function getStream(el) {
    if (!navigator.mediaDevices) {
      alert("mediaDevices API 不支持");
      return;
    }

    navigator.mediaDevices
      .getUserMedia({ video: true, audio: true })
      .then(stream => {
        vStream = stream;
        if ("srcObject" in el) {
          el.srcObject = stream;
        } else {
          el.src = window.URL.createObjectURL(stream);
        }
        el.onloadedmetadata = () => {
          el.play();
        };

        try {
          vRecorder = new MediaRecorder(stream, { mimeType: "video/webm" });
          console.log("创建 MediaRecorder: ", vRecorder);
        } catch (e) {
          return console.error("创建 MediaRecorder 失败: ", e);
        }

        vRecorder.ondataavailable = e => {
          if (e.data.size == 0) {
            return;
          }
          recorderData.push(event.data);
        };
        vRecorder.start(100); // 设置 ondataavailable 的触发间隔
      })
```

```
      .catch(err => {
        console.log("捕获视频错误: ", err);
      });
  }

  function download() {
    if (!vStream || !vRecorder) {
      alert("请先捕获视频");
      return;
    }
    console.log("开始下载");
    vRecorder.stop();
    vStream.getTracks()[0].stop();
    vStream.getVideoTracks()[0].stop();

    const aDom = document.createElement("a");
    document.body.appendChild(aDom);
    aDom.style = "display: none";
    aDom.href = URL.createObjectURL(
      new Blob(recorderData, { type: "video/webm" })
    );
    aDom.download = "download.webm";
    aDom.click();

    recorderData = [];
    vStream = vRecorder = null;
  }
</script>
```

在浏览器中打开 index.html，单击“捕获视频 & 开始记录”按钮，进行视频的录制，录制完成后，单击“下载”按钮进行录制视频的下载，效果如图 7-5 所示。

图 7-5　下载录制的视频

7.3 输入集成

目前 Web 上的输入能力也进行了集成。下面主要介绍一下常用的语音识别和剪切板功能。

7.3.1 语音识别

Web 目前提供的语音识别相关的 API，可以实现语音的获取及识别能力，这也是 Web 的另一种常用的输入能力。这里主要使用 SpeechRecognition API 来实现语音识别输入。

创建 index.html，代码如下所示：

```
<!DOCTYPE html>
<html>
  <head>
    <meta charset="UTF-8" />
    <meta name="viewport" content="width=device-width, initial-scale=1.0" />
    <title>语音识别</title>
  </head>
  <body>
    <div style="border:1px solid #ccc; width: 350px; height: 200px; ">
      <span id="content-final"></span>
      <span id="content-tmp" style="color:gray"></span>
    </div>
    <div>
      <button id="btn">开始识别</button>
    </div>
  </body>
</html>

<script type="module">
  let btnDom = document.getElementById("btn");
  let contentFinalDom = document.getElementById("content-final");
  let contentTmpDom = document.getElementById("content-tmp");
  let recognition;

  btnDom.onclick = () => {
    window.SpeechRecognition =
      window.SpeechRecognition || window.webkitSpeechRecognition;

    if (!SpeechRecognition) {
      alert("不支持 SpeechRecognition API");
      return;
    }
```

```
      if (btnDom.innerText === "开始识别") {
        recognition = new SpeechRecognition();
        recognition.continuous = true; // 边说边识别
        recognition.interimResults = true; // 临时识别的结果也显示。通过 isFinal 来确定
        recognition.lang = "cmn-Hans-CN"; // 中文普通话，遵循 BCP-47 规范
        recognition.start();
        btnDom.innerText = "停止识别";
        recognition.onstart = () => {
          contentFinalDom.innerText = "";
          contentTmpDom.innerText = "";
          console.log("识别开始");
        };
        recognition.onresult = event => {
          console.log("识别中", event.results);
          let content = "";
          let contentTmp = "";
          for (let i = 0; i < event.results.length; i++) {
            if (event.results[i].isFinal) {
              content += event.results[i][0].transcript;
            } else {
              contentTmp += event.results[i][0].transcript;
            }
          }
          contentFinalDom.innerText = content;
          contentTmpDom.innerText = contentTmp;
        };
        recognition.onerror = event => {
          console.log("识别错误", event);
        };
        recognition.onend = () => {
          console.log("识别结束");
        };
        return;
      }

      recognition.stop();
      recognition = null;
      btnDom.innerText = "开始识别";
    };
  </script>
```

在浏览器中打开 index.html，单击“开始识别”按钮，可以看到它会先让用户对麦克风进行授权，如图 7-6 所示。

授权后，对麦克风同时说中文、英文和数字，可以看到 Chrome 语音识别的 API 准确度非常高，比一些付费的语音识别接口要好用很多，效果如图 7-7 所示。

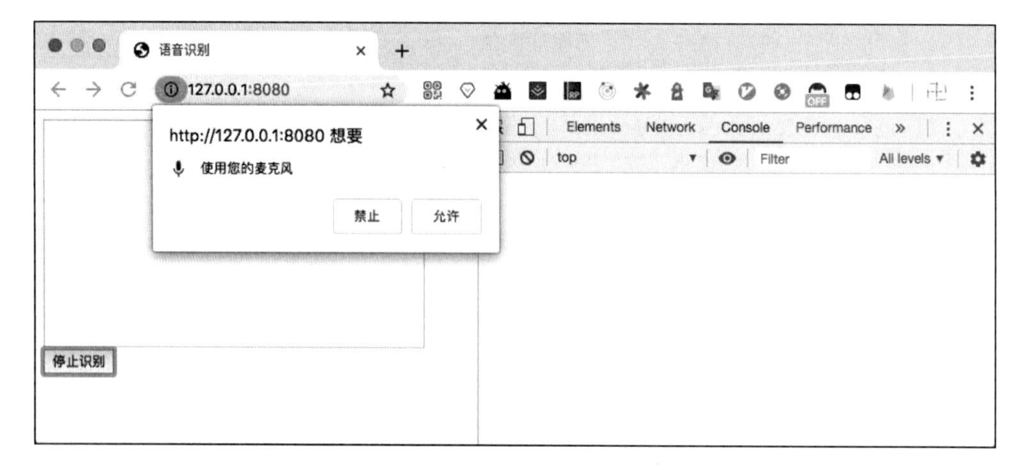

图 7-6　语音识别需要麦克风权限

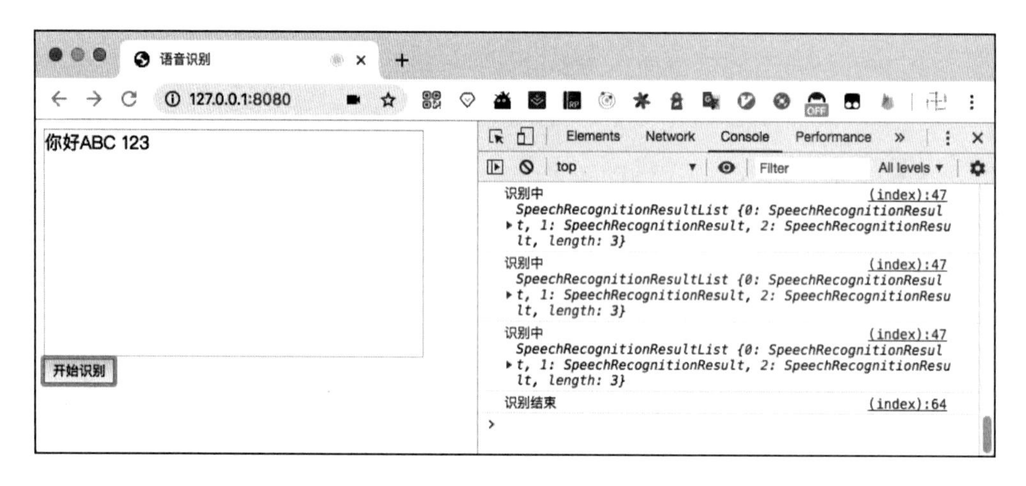

图 7-7　语音识别输出

7.3.2　剪切板操作

在传统的 Web 能力中是不允许读取剪切板的，但目前有了 Clipboard API，我们可以通过这个 API 对剪切板很方便地进行写和读操作。

通过这个 API 来实现一个复制和粘贴功能。创建 index.html，代码如下所示：

```
<!DOCTYPE html>
<html>
  <head>
    <meta charset="UTF-8" />
```

```
    <meta name="viewport" content="width=device-width, initial-scale=1.0" />
    <title>剪切板操作</title>
  </head>
  <body>
    <input id="copy" value="这是一段文字" />
    <div>
      <button id="btnCopy">复制</button>
    </div>
    <input id="paster" />
    <div>
      <button id="btnPaster">粘贴</button>
    </div>
  </body>
</html>

<script type="module">
  let btnCopyDom = document.getElementById("btnCopy");
  let btnPasterDom = document.getElementById("btnPaster");
  let copyValueDom = document.getElementById("copy");
  let pasterValueDom = document.getElementById("paster");

  btnCopyDom.onclick = () => {
    if (!"clipboard" in navigator) {
      alert("不支持 clipboard API");
      return;
    }

    navigator.clipboard
      .writeText(copyValueDom.value)
      .then(() => {
        console.log(`复制 ${copyValueDom.value} 成功`);
      })
      .catch(err => {
        console.error(`复制失败`, err);
      });
  };

  btnPasterDom.onclick = () => {
    if (!"clipboard" in navigator) {
      alert("不支持 clipboard API");
      return;
    }
    navigator.clipboard
      .readText()
      .then(e => {
        pasterValueDom.value = e;
        console.log(`粘贴 ${e} 成功`);
      })
```

```
        .catch(err => {
          console.error(`粘贴失败`, err);
        });
    };
</script>
```

在浏览器中打开 index.html，单击“复制”按钮，浏览器会让用户对剪切板进行授权，如图 7-8 所示。

图 7-8　对剪切板授权

授权完成后，可以看到“复制”和“剪切”按钮都能正常对剪切板进行读写操作，如图 7-9 所示。

图 7-9　对剪切板进行读写操作

7.4　设备特性集成

在 Web 中也可以获取系统设备的一些基本信息，如网络状况、电池状况、内存状况等，有了这些设备状态信息，就可以为 Web 做出更好的功能，带来更好的体验。

7.4.1　网络类型及速度信息

可以通过 Network Information API 获取设备网络相关信息，开发者可以根据这些网络信息进行定制化处理。

如获取网络类型和网速信息，代码如下所示：

```
if (!navigator.connection) {
  console.log("不支持 Network Information API");
  return;
}

console.log("底层连接类型：" + navigator.connection.type);
console.log("有效连接类型：" + navigator.connection.effectiveType);
console.log("最大下行速度（MB）：" + navigator.connection.downlinkMax);

navigator.connection.onchange = info => {}; // 网络信息发生变化时触发
```

执行结果如下所示：

```
底层连接类型：cellular
有效连接类型：4g
最大下行速度（MB）：100
```

7.4.2　网络状态信息

可以通过 navigator.onLine 及一些在线、离线事件来监听网络变化，根据网络变化来做一些用户交互。响应事件代码如下所示：

```
if (navigator.onLine) {
  console.log("你的网络当前在线");
} else {
  console.log("你的网络当前离线");
}

window.ononline = () => {
  console.log("网络状态变化：当前网络在线");
};

window.onoffline = () => {
  console.log("网络状态变化：当前网络离线");
};
```

进入 DevTools，对网络类型进行切换，可以看到对相应的事件进行了触发，效果如图 7-10 所示。

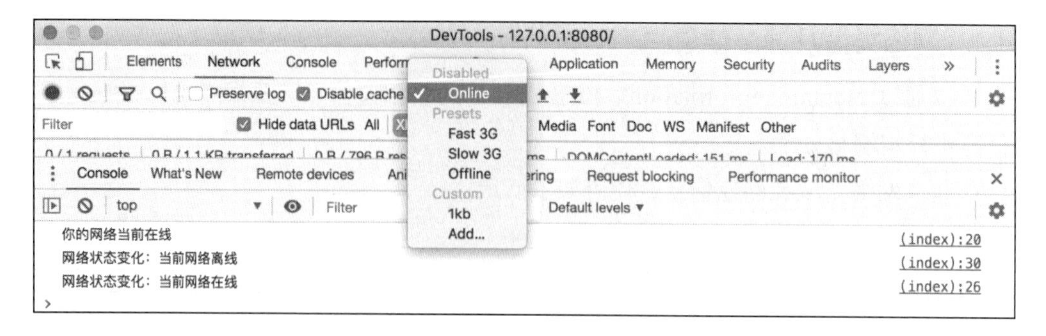

图 7-10 监听网络状态变化

7.4.3 电池状态信息

可以通过 BatteryManager API 来获取设备的电池状态。代码如下所示：

```
if (!navigator.getBattery || !navigator.battery) {
  console.log("不支持 BatteryManager API");
} else {
  (navigator.getBattery() || Promise.resolve(navigator.battery)).then(
    battery => {
      console.log("当前电池充电：" + battery.charging);
      console.log("距离充电完成还剩 (S)：" + battery.chargingTime);// 为 0 表示充电完成
      console.log("距离电池耗尽还剩 (S)" + battery.dischargingTime);
      console.log("电池放点等级：" + battery.level);

      battery.onchargingchange;          // 电池充电状态更新时被调用
      battery.onchargingtimechange;      // 电池充电时间更新时被调用
      battery.ondischargingtimechange; // 电池断开充电时间更新时被调用
      battery.onlevelchange;             // 电池电量更新时被调用
    }
  );
}
```

7.4.4 设备内存信息

可以通过 deviceMemory API 来获取设备的内存信息，根据内存信息来调整性能，提升各个端的体验。代码如下所示：

```
console.log("当前设备内存大小：" + navigator.deviceMemory + " GB");
// 当前设备内存大小：8 GB
```

7.5　定位集成

应用中常用到的还有与定位相关的一些能力，如访问设备的 GPS 来获取用户的本地定位，访问设备的陀螺仪来获取设备的方向和角度信息等。

7.5.1　地理定位

在 Web 中可以通过 Geolocation API 获取位置数据，通常它会基于 GPS 和网络进行定位。下面我们基于这个 API 来获取地理位置和监听位置的事实变化。创建 index.html，代码如下所示：

```
<!DOCTYPE html>
<html>
  <head>
    <meta charset="UTF-8" />
    <meta name="viewport" content="width=device-width, initial-scale=1.0" />
    <title>本地定位</title>
  </head>
  <body>
    <div
      id="content"
      style="width: 420px; height: 200px;border: 1px solid #333;"
    ></div>
    <div>
      <button id="btnGet">获取位置</button>
      <button id="btnWatch">监听位置变化</button>
    </div>
  </body>
  <script type="module">
    let btnGet = document.getElementById("btnGet");
    let btnWatch = document.getElementById("btnWatch");
    let contentDom = document.getElementById("content");
    let watcher;

    btnGet.onclick = () => {
      if (!"geolocation" in navigator) {
        alert("不支持 Geolocation API");
        return;
      }

      navigator.geolocation.getCurrentPosition(
        info => {
          console.log("获取位置成功", info);
          contentDom.innerText += `获取位置: \n 纬度 ${info.coords.latitude}
                                   经度 ${info.coords.longitude}\n`;
```

```
      },
      err => {
        console.log(" 获取位置错误 ", err);
      },
      {
        enableHighAccuracy: false, // 低精度，获取速度快
        timeout: Infinity, // 设备必须在多长时间内获取值，单位为 ms
        maximumAge: 0 // 定位信息的缓存时间单位为 ms
      }
    );
  };

  btnWatch.onclick = () => {
    if (!"geolocation" in navigator) {
      alert(" 不支持 Geolocation API");
      return;
    }

    if (btnWatch.innerText == " 监听位置变化 ") {
      if (watcher) {
        return;
      }
      watcher = navigator.geolocation.watchPosition(
        info => {
          console.log(" 监听位置变化: ", info);
          contentDom.innerText += ` 监听位置变化: \n 纬度 ${info.coords.latitude}
                                   经度 ${info.coords.longitude}\n`;
        },
        err => {
          console.log(" 监听位置变化错误 ", err);
        },
        {}
      );
      btnWatch.innerText = " 停止监听位置变化 ";
      return;
    }

    watcher && navigator.geolocation.clearWatch(watcher);
    contentDom.innerText += " 监听停止 \n";
    console.log(" 监听停止 ");
    btnWatch.innerText = " 监听位置变化 ";
  };
</script>
</html>
```

在浏览器中打开 index.html，单击“获取位置”按钮，浏览器需要用户进行位置获取授权，如图 7-11 所示。

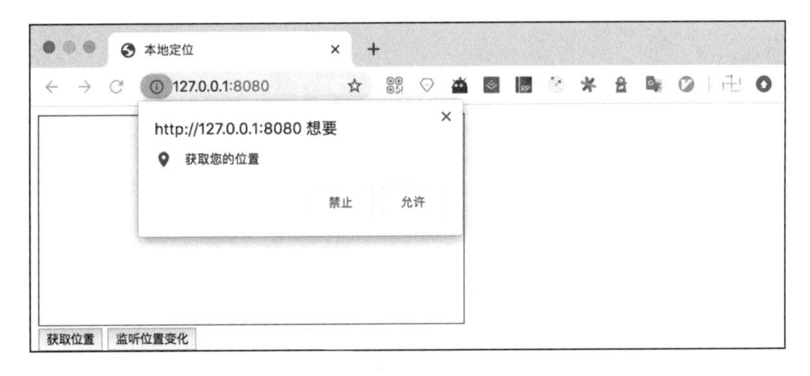

图 7-11　浏览器授权获取位置

授权成功后，可以正常获取位置。单击“监听位置变化”按钮后，当设备位置发生变化时，会触发此事件。效果如图 7-12 所示。

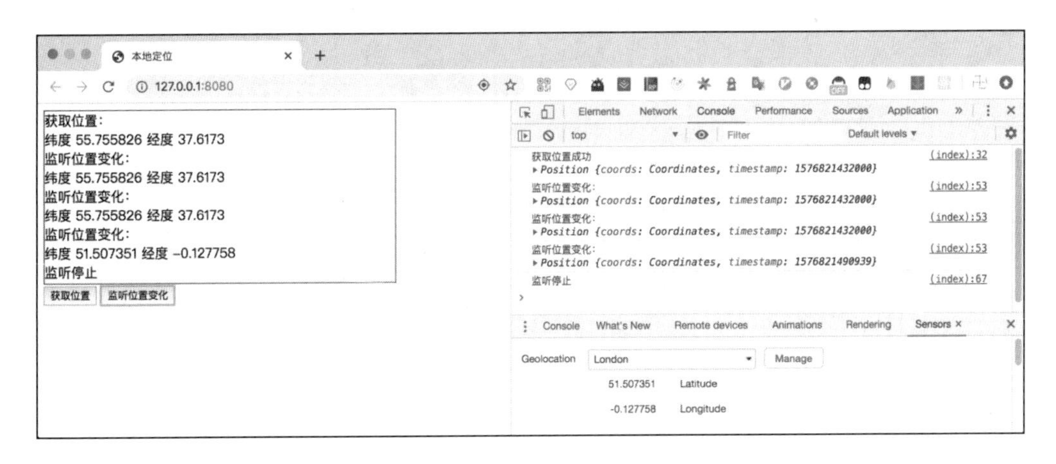

图 7-12　获取设备位置信息

7.5.2　设备位置

在 Web 中可以使用 Device Orientation API 来实现获取陀螺仪、指南针等数据，也可以通过 Generic Sensor API 和 Orientation Sensor API 来获取设备方向数据。

绝对位置可以通过以下代码获取：

```
let aos = new AbsoluteOrientationSensor();
// 创建一个相对于地球的参考坐标系统的设备的物理方向的对象
aos.addEventListener("reading", listener); // 方向发生变化时的事件
aos.start(); // 开始监听
```

```
aos.quaternion; // 获取方向信息
```

相对位置可以通过以下代码获取：

```
let ros = new RelativeOrientationSensor();
// 创建一个相对于固定参考坐标系统的设备的物理方向的对象
ros.addEventListener("reading", listener); // 方向发生变化时的事件
ros.start(); // 开始监听
ros.quaternion; // 获取方向信息
```

设备方向可以使用 DeviceOrientationEvent 来获取，事件的三个方向的数据结果如图 7-13 所示。

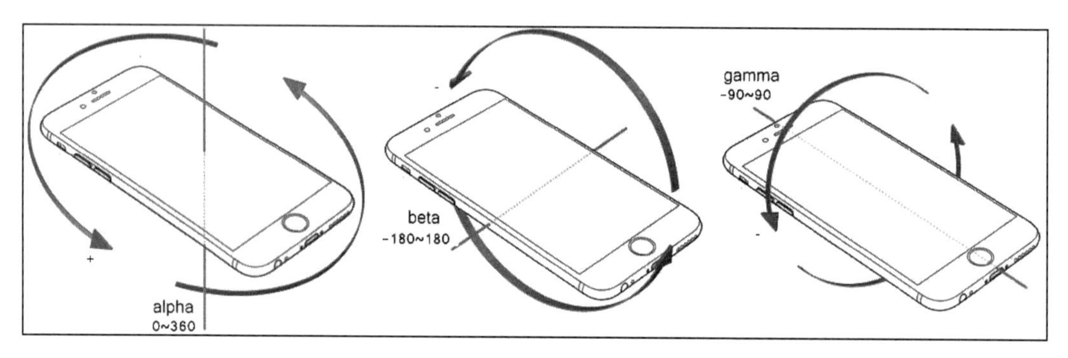

图 7-13 DeviceOrientationEvent 的方向数据

下面我们实现获取陀螺仪的事实方向信息。创建 index.html，代码如下所示：

```
<!DOCTYPE html>
<html>
  <head>
    <meta charset="UTF-8" />
    <meta name="viewport" content="width=device-width, initial-scale=1.0" />
    <title> 设备位置 </title>
  </head>
  <body>
    <img id="img" src="img.png" />
    <div id="content"></div>
  </body>
  <script type="module">
    let img = document.getElementById("img");
    let content = document.getElementById("content");

    window.ondeviceorientation = e => {
      let { gamma, beta, alpha } = e;
      console.log(alpha, beta, gamma);

      img.style.transform = `rotate(${alpha}deg) rotate3d(1, 0, 0, ${beta}deg)`;
```

```
        content.innerHTML = `
        alpha(方向): ${alpha} deg<br />
        beta(前后): ${beta} deg<br />
        gamma(左右): ${gamma} deg
        `;
      };
    </script>
  </html>
```

在浏览器中打开 index.html，然后打开 DevTools 中的 Sensors 面板来模拟设备的方向变化。可以看到设备位置变化的同时，页面进行了正常的响应，效果如图 7-14 所示。

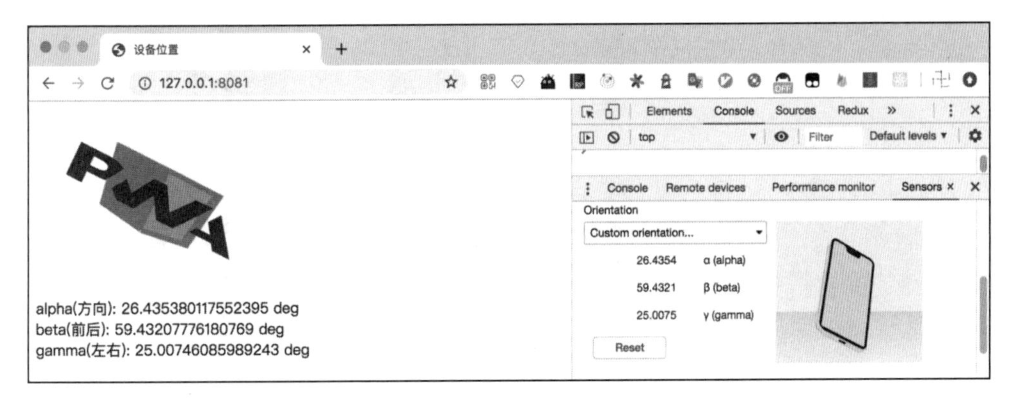

图 7-14　陀螺仪的方向变化监听

7.6　本章小结

本章内容只是目前 Web 参与系统集成的一小部分，Web 对于系统集成的能力还在不断推进，2019 年产出的相关 API 就有 Contacts、SMS、Wake Lock、App Icon Badging、Run on Startup、NFC、Serial，等等。

Web 开发者借助 PWA 和系统集成的能力，让 Web 变得十分惊艳，与 Native 的差距越来越小。

推荐阅读

华章前端经典

HTML 5与
CSS 3权威指南
（第3版·上册）
HTML 5 and CSS 3
The Definitive Guide, Third Edition

HTML 5与
CSS 3权威指南
（第3版·下册）
HTML 5 and CSS 3
The Definitive Guide, Third Edition

Effective JavaScript
编写高质量JavaScript代码的
68个有效方法

Learning Three.js
Three.js
开发指南
WebGL的JavaScript 3D库

深入浅出
React和Redux

React Native
移动开发实战

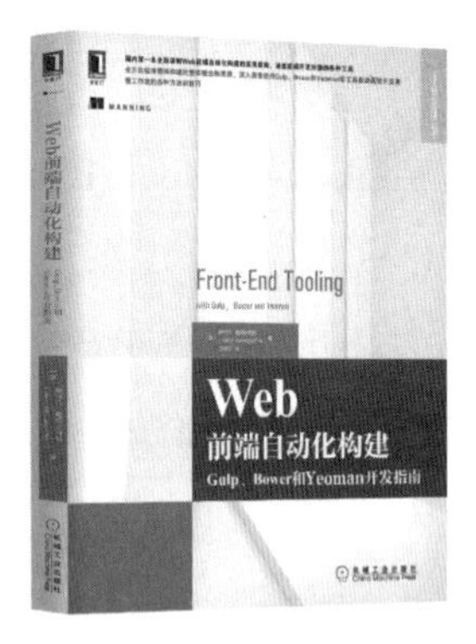
Front-End Tooling
Web
前端自动化构建
Gulp、Bower和Yeoman开发指南

图解CSS3
核心技术与案例实战
Illustrated CSS3
Details and Cases

高效前端
Web高效编程与优化实践
EFFECTIVE FRONT END